Gangathraprabhu Balasubramani
Ponnusamy Ponmurugan
Geethanjali Santhanam

Perspetiva da terapia phop/q para Salmonella resistente a múltiplos medicamentos

Gangathraprabhu Balasubramani
Ponnusamy Ponmurugan
Geethanjali Santhanam

Perspetiva da terapia phop/q para Salmonella resistente a múltiplos medicamentos

Um caminho para a terapia génica

ScienciaScripts

Imprint

Cover image: www.ingimage.com

This book is a translation from the original published under ISBN 978-620-2-01319-2.

Publisher:
Sciencia Scripts
is a trademark of
Dodo Books Indian Ocean Ltd. and OmniScriptum S.R.L publishing group

120 High Road, East Finchley, London, N2 9ED, United Kingdom
Str. Armeneasca 28/1, office 1, Chisinau MD-2012, Republic of Moldova, Europe
Printed at: see last page
ISBN: 978-620-7-61507-0

Conteúdo

1. Introdução 2
2. Revisão da literatura 7
3. Materiais e métodos 20
4. Resultados 37
Capítulo - I 38
Capítulo - II 44
Capítulo - III 54
Capítulo - IV 58
5. Discussão 106
6. Conclusão 116
7. Referência 118

1. Introdução

A Salmonella, um bacilo Gram-negativo membro da família enterobacteriaceae, com diâmetros de cerca de 0,7 a 1,5 µm e comprimentos de 2 a 5 µm, é um agente causador de febre entérica (tifoide) e gastroenterite. Mais de 2000 serotipos de *Salmonella* infectam os seres humanos e praticamente todos os animais selvagens e domésticos conhecidos, incluindo aves, répteis e insectos. São quimioorganotróficos, obtendo a sua energia a partir de reacções de oxidação e redução utilizando fontes orgânicas, e são anaeróbios facultativos. A maioria das espécies produz sulfureto de hidrogénio (Clark *et al*., 1987), que pode ser facilmente detectado através do seu cultivo em meios sintéticos/naturais contendo sulfato ferroso, como o TSI (Triple Sugar Ion).

A maioria dos isolados existe em duas fases: uma fase móvel e uma fase não móvel. As culturas que não são móveis na cultura primária podem ser mudadas para a fase móvel utilizando um tubo de cragie. *A Salmonella* está estreitamente relacionada com o género *Escherichia* em termos de patogenicidade e encontra-se em todo o mundo em animais de sangue frio e quente (incluindo os seres humanos) e no ambiente. Provocam doenças como a febre tifoide, a febre paratifoide e doenças de origem alimentar nos seres humanos e, em certa medida, nos animais, especialmente no gado (Ryan *et al.,* 2004).

Foi registado que *a Salmonella* pode sobreviver durante semanas fora de um corpo vivo; no entanto, *as Salmonella* não são destruídas pelo congelamento. A radiação ultravioleta e o calor aceleram a sua morte; perecem depois de serem aquecidas a 55 °C (131 °F) durante 90 minutos, ou a 60 °C (140 °F) durante 12 minutos. Para proteger contra a infeção por *Salmonella*, recomenda-se que os alimentos sejam aquecidos durante, pelo menos, 10 minutos a uma temperatura de 75 °C (167 °F), de modo a que o centro do alimento atinja este regime de temperatura.

As primeiras estirpes multirresistentes surgiram no Sudeste Asiático em 1987 e, desde então, espalharam-se por toda a região. A sua prevalência na China tem aumentado desde 1985 e, em 1989, cerca de 80% dos isolados de *S.typhi* em Xangai eram multirresistentes. Nestas estirpes, a resistência ao cloranfenicol, à ampicilina, à tetraciclina, à trimetoprima, às sulfonamidas, à gentamicina e à cefazolina estava codificada num plasmídeo intransmissível de 98 MDa (megadalton) (Zhang *et al.*, 1991). As estirpes multirresistentes foram registadas pela primeira vez no Paquistão em 1987 e a sua prevalência aumentou para quase 90% dos isolados de *S.typhi* (Mirza *et al.*, 1995). Todos os isolados multirresistentes obtidos em Rawalpindi em 1990-91 eram portadores de um único plasmídeo autotransferível de 98 MDa que codificava a resistência ao cloranfenicol, à ampicilina, à estreptomicina, à tetraciclina, ao sulfametoxazol e à trimetoprima, mas não à gentamicina, sendo, portanto, diferentes dos isolados chineses. Em 1994, em Quetta, no norte do Paquistão, verificou-se que cerca de 77% dos *S. typhi* isolados do sangue eram multirresistentes e representavam >50% das hemoculturas positivas registadas por Mirza *et al.* (1995).

A S. typhi multirresistente foi descrita pela primeira vez na Índia em 1990 e foram descritos vários tipos diferentes de fagos portadores de plasmídeos incH1 de 110-120 MDa. Posteriormente, foram também isoladas estirpes multirresistentes na Malásia (Pegues *et al.*, 1995), no Bangladesh (Saha *et al.*, 1994) e no Vietname (Hien *et al.*, 1995) e a zona epidémica na Ásia parece agora estender-se do Paquistão, a oeste, até à China, a leste. Além disso, existe uma zona de "pseudo-epidemia" de *salmonelas* no Médio Oriente. Entre 30% e 40% da população dos Estados do Golfo Pérsico são trabalhadores expatriados, principalmente do subcontinente indiano e do Extremo Oriente. Estes trabalhadores costumavam viajar repetidamente dos seus países de origem para trabalhar e 70-80% das estirpes multirresistentes de *S. typhi* no Barém (Wallace *et al.*, 1990), Kuwait (Daoud *et al.*, 1991), Qatar (Uwaydah *et al.*, 1991) e Omã (Elshafie *et al.*, 1992) são importadas. Nesta região, foi registado que cerca de *5 a* 30% dos isolados de *S. typhi* são multirresistentes.

Em *Salmonella typhimurium*, o sistema de dois componentes PhoP/PhoQ é composto pelo sensor PhoQ histidina quinase e pelo regulador de resposta PhoP. Controla a expressão de mais de 40 genes em resposta a alterações nas concentrações extracelulares de catiões bivalentes, tais como Mg^{2+} , Ca^{2+} e Mn^{2+} (Garcia-Vescovi *et al.,* 1996). Foi proposto que o Mg^{2+} actua como o sinal fisiologicamente relevante que controla o sistema PhoP/PhoQ (Groisman *et al.,* 1998). Concentrações limitadas de Mg extracelular^2 + *(*intervalo de *μM*) activam a cascata de fosforilação PhoP/PhoQ promovendo a modulação transcricional de genes regulados por PhoP. Concentrações elevadas de Mg^{2+} extracelular (intervalo de mM) estimulam a atividade fosfatásica da cinase sensora PhoQ, levando à desfosforilação do regulador de resposta PhoP. Embora muita investigação tenha abordado os pormenores dos mecanismos catalíticos das actividades da autocinase e da fosfatase, subsistem muitas questões sobre a forma como os sinais ambientais regulam estas actividades (Chamnongpol, *et al.,* 2003). No caso do sensor de cinase PhoQ, a regulação das actividades catalíticas ocorre através da ligação do Mg^{2+} ao domínio sensorial extracelular da PhoQ. Pensa-se que o reconhecimento do Mg^{2+} provoca uma alteração conformacional que controla as actividades enzimáticas da PhoQ (Garcia-Vescovi, *et al.,* 1996).

O sistema de dois componentes PhoP/PhoQ controla várias propriedades patogénicas do parasita intracelular facultativo como o *S. typhimurium,* incluindo a sobrevivência intra-macrófago, a resistência aos péptidos antimicrobianos de defesa do hospedeiro (Groisman *et al.*, 1992) e ao pH ácido (Foster e Hall, 1990), a invasão de células epiteliais (Behlau e Miller, 1993), a formação de vacúolos espaçosos e a apresentação de antigénios modelo por células fagocíticas (Wick *et al.,* 1995). Os genes *phoP* e *phoQ*, que codificam as proteínas reguladoras e sensoras, respetivamente, deste sistema regulador. Embora a expressão de mais de 40 proteínas diferentes seja modulada por PhoP (Miller e Mekalanos, 1990), o sinal que controla o sistema PhoP/PhoQ permanece desconhecido.

Os estudos sobre a regulação PhoP/PhoQ revelaram que se trata da regulação transcricional mais bem caracterizada, um sistema de dois componentes necessário para a patogénese *da Salmonella*, que controla a expressão de mais de 40 genes (Garcia Vescovi *et al.,* 1994). As proteínas de ligação ao ADN phoP/ phoQ possuem aminoácidos com carga positiva, como a arginina, a lisina e a histidina, que actuam como local de ligação ao ADN. As proteínas de ligação ao ADN desempenham um papel importante em processos biológicos como a replicação do ADN, a transcrição e a regulação dos ciclos celulares de todos os organismos. Entre as famílias de proteínas de bactérias, arqueas e eucariotas, a família das proteínas de ligação ao ADN é a mais estudada, pois são pequenos factores de transcrição que contêm domínios independentes para o reconhecimento e a ligação do ADN.

As interacções entre proteínas e ácidos nucleicos desempenham muitas funções celulares importantes, incluindo a regulação da replicação do ADN, o controlo da expressão genética e a manutenção do ADN, como a manutenção de um estado super-enrolado, a reparação de danos e de incompatibilidades, a possibilidade de recombinação, a restrição de ADN estranho e os processos de ligação, metilação e degradação do ADN. Através de análises bioquímicas, estruturais e estatísticas de proteínas de ligação ao ADN específicas, como os factores de transcrição, foi descoberta uma grande quantidade de informação sobre o modo como as proteínas seleccionam os sítios-alvo do ADN (Sukupolvi *et al.*, 1997).

Um grande número de proteínas de ligação ao ADN apresenta uma elevada afinidade para o ADN danificado, mas provavelmente não estão diretamente envolvidas na reparação do ADN. Entre elas contam-se as abundantes proteínas da cromatina HMG-1, 2 e a histona H1, que apresentam uma ligação preferencial ao ADN danificado por *cis-DDP*. A poli (ADP-ribose) polimerase (PARP) liga-se a extremidades de cadeia simples ou dupla. Defeitos nos genes de reparação do ADN resultam em várias doenças graves que são causadas pela acumulação gradual de lesões no ADN não reparado. Várias doenças humanas como a síndrome de Cockayne, a ataxia telangiectasia e a síndrome de quebra de nijmegen são também causadas por defeitos nos genes de reparação do ADN. Os aminoácidos envolvidos na interação ADN-proteína podem ser estudados utilizando modificadores químicos. Os resíduos de histidina presentes no sítio ativo de muitas enzimas, como a endopeptidase neutra 24.1, a nuclease S1, a 3,4-dihidroxifenilalanina descarboxilase de rim de porco, que estão envolvidos na interação da proteína com o ADN, foram modificados por muitos produtos químicos, como os ácidos halo carboxílicos, as amidas e o pirocarbonato de dietilo (DEPC). Entre estes, o pirocarbonato de dietilo (anidrido etoxifórmico) é o modificador químico mais utilizado para os resíduos de histidina. Reage com a histidina e substitui um dos dois átomos de azoto presentes no anel imidazol para dar carboetoxihistidina que, por sua vez, modifica parcialmente os resíduos de tirosina e lisina.

Métodos de deteção da interação ADN-proteína

O ensaio de deslocamento da mobilidade em gel (GMSA) e o espectrofluorímetro são normalmente utilizados para detetar as interacções ADN-proteína. O GMSA constitui um método simples e fiável para estudar a interação ADN-proteína. Este método baseia-se no princípio de que um complexo ADN-proteína terá, durante a eletroforese, uma mobilidade diferente da do ADN não ligado. É também designado por ensaio de retardamento do gel. A entrada da mistura de ADN livre e de complexo ADN-proteína na matriz do gel resulta na separação física das duas espécies na eletroforese subsequente. O ADN livre mover-se-á mais rapidamente do que o ADN ligado a proteínas. Com estes objectivos, o presente estudo foi proposto através da utilização destes mecanismos a nível molecular, o que poderá abrir caminho para o tratamento da febre entérica sem conduzir a novas estirpes de *Salmonella* MDR.

2. Revisão da literatura

A salmonelose é uma das principais causas de doença entérica bacteriana tanto nos seres humanos como nos animais. Todos os anos, estima-se que ocorram 1,4 milhões de casos de salmonelose em seres humanos nos Estados Unidos (Makino *et al.*, 1988). Em aproximadamente 35.000 destes casos, os isolados *de Salmonella* são serotipados por laboratórios de saúde pública e os resultados são transmitidos eletronicamente aos Centros de Controlo e Prevenção de Doenças (CDC). Esta informação é utilizada pelos departamentos de saúde locais e estatais e pelo CDC para monitorizar as tendências locais, regionais e nacionais da salmonelose humana e para identificar possíveis surtos de salmonelose (Bean *et al.*, 1992).

A Salmonella é uma das principais causas de doenças de origem alimentar em países de todo o mundo. O tratamento das infecções por *Salmonella*, tanto em animais como em humanos, tornou-se mais difícil com o aparecimento de estirpes de *Salmonella* multirresistentes (MDR). As infecções e os surtos de origem alimentar com *Salmonella* MDR são também cada vez mais registados (Kim *et al.*, 2007). Para melhor monitorizar e controlar a propagação de *Salmonella* MDR, é importante compreender os mecanismos responsáveis pela resistência aos medicamentos e a forma como esta é transmitida para e entre estirpes *de Salmonella*. Esta análise resume os conhecimentos actuais sobre os medicamentos antimicrobianos utilizados para tratar infecções por *Salmonella* e apresenta uma panorâmica das *Salmonella* MDR nos Estados Unidos e uma discussão sobre a genética da resistência aos medicamentos *das Salmonella*, incluindo os mecanismos responsáveis pela transmissão dos genes de resistência aos medicamentos nas *Salmonella*, utilizando dados dos Estados Unidos e de outros países (Alcaine *et al.*, 2007).

O aumento de agentes patogénicos multirresistentes de origem humana e animal constitui uma grande preocupação de saúde pública. Para uma melhor compreensão das consequências para a saúde das bactérias multirresistentes transmitidas de produtos animais para os seres humanos, a interação com o hospedeiro de isolados de *Salmonella* zoonótica, juntamente com outras bactérias patogénicas e comensais, foi avaliada utilizando um sistema de células Caco-2 do intestino humano. *A S. agona, a S. heidelberg* e a *S. typhimurium* multirresistentes possuíam integrões de classe 1 mediados por plasmídeos. O isolado DT104 de *S. typhimurium* proveniente de carne de bovino moída apresentou as características de resistência genotípica e fenotípica bem conhecidas da espécie e continha o integrão de classe 1 localizado cromossomicamente. Entre os isolados de *Salmonella* multirresistentes, o *S. heidelberg* 219 apresentou o número de invasão mais elevado, com 1,0 x 10(4) UFC/mL, seguido do isolado *S. typhimurium* DT104, com 7,7 x 10(3) UFC/mL. Entre as espécies testadas, a Listeria monocytogenes foi a que teve melhor desempenho na invasão da célula Caco-2. Os agentes patogénicos oportunistas multirresistentes *Klebiella pneumoniae* e *Pseudomonas aruginosa* também foram capazes de invadir as células. Na invasão de *S. heidelberg 219, S. typhimurium* DT104 e L. *monocytogenes*, as contagens bacterianas aumentaram 2 ciclos logarítmicos em 9 h nas células Caco-2. Por conseguinte, estas estirpes podem proliferar rapidamente após a sua invasão nas células (Kim *et al.*, 2007).

Regulação dos genes e virulência

Várias funções centrais de regulação genética regem a vida e o crescimento das salmonelas e têm sido estudadas há décadas. De facto, muitos circuitos reguladores importantes foram inicialmente descritos nesta bactéria (Bean *et al.*, 1992). Alguns circuitos reguladores estão envolvidos na sintonização de funções domésticas comuns e estão igualmente presentes na *Escherichia coli,* enquanto muitos parecem estar dedicados à virulência ou funcionam como reguladores globais de genes que afectam tanto as funções domésticas como as de virulência.

Embora *as Salmonellae* não possuam o sistema regulador *lac* clássico, possuem o sistema repressor de catabolitos bem caracterizado (Neidhardt, 1999). A repressão de catabolitos responde a um sinal de pequeno peso molecular sob a forma de monofosfato de adenosina cíclico (AMPc). A concentração intracelular bacteriana de cAMP aumenta como resultado da escassez de certos nutrientes, uma situação que pode assemelhar-se à fome. A proteína reguladora de genes repressora de catabólitos

(CRP) responde a alterações nas concentrações intracelulares de cAMP ligando-se ao ligando cAMP. A ligação da CRP ao AMPc modula a sua capacidade de ligação ao ADN; dependendo do promotor em questão, um complexo AMPc-CRP pode atuar como ativador ou repressor para controlar a expressão genética com o objetivo de contrariar a inanição. Quatro pormenores da resposta CRP são relevantes para a regulação dos genes de virulência bacteriana. Em primeiro lugar, está envolvida uma proteína reguladora de genes, que é alostérica na sua função. Em segundo lugar, uma substância sinalizadora modula a atividade da proteína reguladora do gene. Em terceiro lugar, a resposta CRP é essencial para a virulência da salmonela (Curtiss *et al.,* 1987). Por último, a repressão de catabolitos é um exemplo da capacidade da bactéria para detetar alterações ambientais ou stress e dar origem a uma resposta específica (Alcaine *et al.,* 2007).

Reguladores dos genes LysR/MetR

Estas proteínas reguladoras são caracterizadas por um motivo N-terminal de ligação ao ADN em forma de hélice-volta-hélice, seguido de um domínio proteico central que liga moléculas co-reguladoras de pequeno peso molecular ou é capaz de responder a substâncias oxidantes (Aslund *et al.,* 1999). Alguns membros da família LysR/MetR contêm também um terminal C catiónico que pode estar envolvido na ligação ao ADN. Tal como a resposta CRP-cAMP, a atividade destas proteínas reguladoras é afetada pela presença de uma molécula co-reguladora, e muitos membros da família LysR/MetR estão envolvidos na regulação retroactiva de vias metabólicas. Com base na identidade da sequência proteica, a proteína SpvR associada ao crescimento intracelular da *Salmonella* pertence claramente à família LysR/MetR (Guiney *et al.,* 1995).

Reguladores de genes do tipo AraC

Esta grande família de reguladores génicos contém motivos característicos de hélice terminal C envolvidos na ligação ao ADN (Gallegos *et al.,* 1997). As porções N-terminais são variáveis, presumivelmente reflectindo diferentes antecedentes evolutivos e atributos funcionais. O regulador protótipo AraC está envolvido na regulação do catabolismo da arabinose; o açúcar arabinose liga-se a AraC e modula a sua atividade (Neidhardt, 1999). Assim, esta família de reguladores também tem o potencial de detetar factores ambientais. Não surpreende, portanto, que muitos membros da família AraC estejam envolvidos na expressão de genes de virulência. Em *Salmonellae*, algumas funções de virulência são codificadas por grandes grupos de genes. Uma dessas constelações de genes constitui a ilha de patogenicidade 1 (SPI 1), que é necessária para a invasão das células epiteliais. A expressão de um certo número de genes na SPI 1 é regulada pelas proteínas do tipo AraC InvF e SprA (Rakeman *et al.,* 1999).

Alterações na topologia do ADN

A estrutura topológica do cromossoma bacteriano não é linear, mas envolve uma estrutura compacta e superenrolada (Jordi *et al.,* 1995). O grau de superenrolamento global do DNA não é constante, mas varia em resposta a mudanças nas condições ambientais (Schneider *et al.,* 1999). A atividade de muitos promotores é sensível a alterações na topologia do ADN e estes controlam muitos genes regulados pelo ambiente que estão normalmente envolvidos na virulência (Leclerc *et al.,* 1998). Assim, as actividades de um certo número de genes e, subsequentemente, a fisiologia da célula podem ser alteradas através de mudanças no superenrolamento do ADN. Duas enzimas são as principais responsáveis pela alteração do enrolamento do ADN: a DNA girase (topoisomerase II) e a topoisomerase I (Neidhardt, 1999).

Alteração da composição do complexo da RNA polimerase

Nas bactérias, os factores σ alternativos são expressos em determinadas condições ambientais de stress. Em *Salmonella*, bem como em muitas outras bactérias, o fator σ alternativo RpoS é expresso em resposta à carência de nutrientes ou a uma diminuição súbita do pH (Hengge-Aronis *et al.,* 1993). O RpoS pode substituir o fator σ vegetativo, levando a um complexo de RNA polimerase alterado que reconhece um subconjunto específico de promotores. Consequentemente, a expressão de um certo número de genes é afetada. Em *Salmonella,* a inanição e a subsequente expressão de RpoS é um pré-requisito para a expressão de muitos factores de virulência, como as fibras adesivas AgfA e as proteínas de crescimento intracelular Spv. Além disso, pelo menos em *E. coli,* a expressão de IHF depende de RpoS (Aviv *et al.,* 1994).

Metilação do ADN

O ADN das estirpes de *Salmonella* de tipo selvagem é metilado em graus variáveis. A inativação do sistema de metilação Dam em *S. enterica* sv *typhimurium*, que, tal como em *E. coli,* actua nas sequências GATC, reduz drasticamente a virulência em ratos (Heithoff *et al.,* 1999). Além disso, os mutantes Dam são prejudicados na sua capacidade de invadir células hospedeiras e nos seus níveis de expressão de fímbrias Pef (Nicholson *et al.,* 2000). As análises genéticas efectuadas com sequências do promotor de *Pef* mostram que o ADN do promotor tem de ser metilado em sequências GATC específicas para que a transcrição ocorra corretamente. Uma vez que a expressão de invasão e de Pef depende fortemente de factores ambientais, as alterações no grau de metilação nas sequências promotoras podem muito bem ser uma ferramenta para regular a expressão genética.

Indução ácida da expressão genética

A exposição de *Salmonella* a um aumento súbito da temperatura, a compostos reactivos de oxigénio, a um pH baixo ou à inanição de nutrientes induz respostas de stress definidas que causam efeitos específicos na expressão genética bacteriana global. Evidentemente, o objetivo destas respostas é permitir que as bactérias se adaptem a novos ambientes extremos ou a carências específicas de nutrientes. Por exemplo, a exposição súbita de uma cultura de *Salmonella* que cresce a um pH neutro (~ pH 7) a um pH baixo (~ pH 3) é prejudicial para a cultura. Se a cultura for cultivada em pH neutro, que é pré-exposta a uma mudança de pH mais moderada (~ pH 5), será capaz de lidar com quedas repentinas subsequentes no pH (Bearson *et al.,* 1997). É evidente que o resultado de um stress moderado do pH é a indução da expressão de certas funções bacterianas necessárias para a adaptação a um meio ácido (Park *et al.,* 1996), um processo designado por resposta de tolerância aos ácidos.

Regulação de uma infeção: afinação da expressão da virulência

Parece lógico que as bactérias induzam factores de virulência quando os tempos são difíceis, e que o stress ambiental tenha um papel indutor. No entanto, as condições de stress são certamente vividas fora dos hospedeiros, e uma simples indução "on-off" de respostas gerais ao stress, incluindo a indução concomitante de factores de virulência, pareceria não só mal orientada como fútil. De facto, muitas respostas ao stress são multifacetadas; o resultado final reflecte a interação coordenada entre muitos circuitos reguladores. Quando as *Salmonellae* entram no hospedeiro através de alimentos contaminados, o conteúdo ácido do estômago representa a primeira grande defesa inata do hospedeiro. A fome anterior pode ter induzido a expressão de RpoS e de respostas mediadas por RpoS nas bactérias infectantes, permitindo que uma parte delas sobreviva ao choque ácido (Spector *et al.,* 1999).

Para muitas estirpes de *Salmonella,* a baixa temperatura de crescimento e a RpoS induzem a expressão de fibras agregadas finas ou fímbrias AgfA, que as bactérias podem utilizar para aderir às células epiteliais intestinais (Sukupolvi *et al.,* 1997). Assim, a inanição ambiental poderia servir como um fator de preparação para a adaptação bacteriana ao hospedeiro. Para estabelecer uma infeção sistémica, as bactérias sobreviventes e aderentes no intestino delgado têm de iniciar a invasão da barreira das células epiteliais. A invasão das células epiteliais não é um processo passivo e *as Salmonellae* estão equipadas com funções especiais que lhes permitem injetar proteínas efectoras no citoplasma da célula hospedeira. Uma das funções destas proteínas codificadas por SPI 1 é a de sequestrar as células não fagocíticas para forçar a endocitose de bactérias do lúmen. Para além de participar na geração do ATR, o regulão *phoP/ phoQ* controla também a invasão das células epiteliais e a sobrevivência das bactérias nas células fagocíticas (Pegues *et al.,* 1995).

Sistemas reguladores de dois componentes

Para este grupo de reguladores, os domínios sensor e regulador necessários estão normalmente contidos em proteínas separadas. O domínio sensor está normalmente localizado na membrana periplasmática e, em resultado de alterações ambientais, fosforila o componente regulador citoplasmático. A especificidade do promotor e a capacidade reguladora do componente regulador são alteradas através da fosforilação. Isto permite que a bactéria detecte alterações que ocorrem fora do compartimento citosólico e transmita subsequentemente informações para o citosol, de modo a obter uma resposta genética. As alterações na osmolaridade e na concentração de Ca /Mg^{++++} são detectadas pelos pares de reguladores sensores OmpR/EnvZ e PhoP/PhoQ, respetivamente, ambos essenciais para a virulência da *Salmonella* (Miller *et al.,* 1989).

A ilha de genes de patogenicidade SPI 1 codifica uma proteína activadora HilA que pertence a esta família de reguladores e é importante para a expressão das funções de invasão bacteriana, ao passo que a invasão e a expressão do antigénio de superfície Vi em sv *typhi* são controladas pelo homólogo do regulador RcsB. Vários reguladores de genes importantes associados à virulência da *Salmonella* pertencem à chamada família LuxR (Fugua *et al.,* 1998). Alguns membros desta família funcionam como componente regulador de outros componentes de sensores/quinase. Por outro lado, a família de reguladores LuxR responde a moléculas auto-indutoras, que estão envolvidas no processo de deteção de quorum. Curiosamente, a SPI 1 codifica uma proteína SprB, que partilha homologia com as proteínas reguladoras LuxR (Eichelberg *et al.,* 1999).

À medida que a concentração de Mg^{++} diminui, possivelmente como resultado da entrada numa célula hospedeira, o regulador *phoP/ phoQ* ativa a expressão de um conjunto de genes, coletivamente designados *pags*, que adaptam a bactéria à vida intracelular (Garcia Vescovi *et al.,* 1996). Ao mesmo tempo, outro conjunto de genes, os *prgs*, que são necessários para a invasão bacteriana, tornam-se reprimidos. A importância desta cascata de regulação é ilustrada pela atenuação significativa causada pela inativação genética do sistema de regulação PhoP/PhoQ. O facto de a ativação constante de PhoP por um mutante constitutivo PhoQ também causar uma diminuição da virulência) ilustra ainda mais a importância da regulação PhoP/PhoQ da expressão dos genes de virulência durante uma infeção. Precisamos de compreender como é que o regulador *phoP/phoQ* distingue entre a indução da ATR e das proteínas efectoras necessárias para a invasão. Uma solução óbvia seria incluir funções reguladoras a jusante que controlam a regulação dos genes de invasão e respondem à PhoPQ. De facto, o grupo de genes de invasão SPI 1 tem várias funções reguladoras, incluindo a proteína activadora HilA, que ativa a expressão de genes de invasão (Ryan *et al.,* 2004).

A virulência de *S. typhimurium* também pode ser controlada, pelo menos em parte, pela rede reguladora global PhoP/PhoQ (Buchmeier *et al.,* 2000). Estes dois componentes reguladores são membros de uma família de sensores ambientais (PhoQ) e activadores transcricionais (PhoP) que são necessários para a expressão de genes denominados *pag* (*phoP-activated-genes*), *que* são activados transcricionalmente nos fagossomas acidificados dos macrófagos várias horas após a fagocitose e que são necessários para a sobrevivência intracelular.

Para além da capacidade de ativação transcricional de *pag*, PhoP/PhoQ pode reprimir a síntese de proteínas codificadas por genes designados por *prg* (*phoP* repressed-genes). É provável que os produtos *prg* desempenhem papéis importantes na sinalização de *S. typhimurium* para as células eucarióticas, o que inclui: (i) indução de rutura generalizada da membrana dos macrófagos, macro-pinocitose e internalização de bactérias em fagossomas espaçosos; (ii) indução de endocitose mediada por bactérias (BME) por células epiteliais; e (iii) indução da transmigração de leucócitos polimorfonucleares através de monocamadas de células epiteliais polarizadas (McCormick *et al,* 1995). Dados recentes indicam também que o Mg2+ é um sinal ambiental extracelular que controla o regulador PhoP/PhoQ (Vescovi *et al.,* 1996).

Em *S. typhimurium*, a virulência é controlada a nível transcricional por várias proteínas, incluindo o fator sigma RpoS, a proteína de ligação ao AMP cíclico CRP e os sistemas reguladores de dois componentes OmpR-EnvZ e PhoPPhoQ. O sistema PhoP-PhoQ foi originalmente identificado como um determinante de virulência pelo defeito de sobrevivência intramacrófago de mutantes *phoP de S. typhimurium* (Fields *et al.,* 1986). Um papel de virulência para *phoP* foi independentemente demonstrado por outros que investigaram os loci reguladores necessários para a virulência. O locus *phoP* codifica duas proteínas, PhoP e PhoQ, com homologia aos reguladores-receptores e aos sensores-transmissores da família de dois componentes, respetivamente. Prevê-se que a PhoQ seja uma proteína da membrana interna que fosforila e desfosforila a proteína PhoP de ligação ao ADN putativa em resposta a alterações ambientais. O sistema PhoPPhoQ é peculiar na medida em que tanto as mutações nulas em *phoP* ou *phoQ* como um alelo constitutivo mapeado para *phoQ* resultam numa atenuação da virulência (Miller *et al.,* 1990). Tal como se espera do papel pleiotrópico do sistema PhoP-PhoQ, vários fenótipos foram associados a mutações no operão *phoPQ,* incluindo a hipersensibilidade a péptidos antimicrobianos (Ohta *et al.,* 1992) e ao pH ácido, a deficiência na invasão de células epiteliais e a incapacidade de sobreviver em macrófagos e de alterar a apresentação de antigénios.

Calcula-se que cerca de 40 polipéptidos sejam regulados por PhoP-PhoQ e que pelo menos 9 destas proteínas sejam induzidas no macrófago. Apenas dois genes activados por PhoP foram clonados e sequenciados: *phoN* e *pagC* , que codificam uma fosfatase ácida não específica e uma proteína da membrana externa, respetivamente. A montante do quadro de leitura aberta *de phoN*, existe uma região em que 13 dos 16 nucleótidos são idênticos a um segmento de ADN presente a montante da região codificadora de *phoP.* Se esta sequência correspondesse a um sítio de ligação PhoP, então PhoP poderia estar envolvida no controlo da transcrição do operão *phoPQ.* Por exemplo, o sistema homólogo PhoB-PhoR é auto-regulado positivamente ao nível da transcrição. PhoB liga-se à caixa Pho, uma sequência presente nas regiões promotoras de vários genes regulados por PhoB, incluindo o operão *phoBR* (Makino *et al.,* 1988).

Os sistemas de dois componentes são as vias de transdução de sinal predominantes nas bactérias. Medeiam a resposta adaptativa a alterações ambientais através da modulação da expressão de genes específicos. Os sistemas de dois componentes são normalmente compostos por um sensor de histidina quinase e um regulador de resposta cognato (Stock *et al.*, 2000). Após a autofosforilação do sensor de histidina quinase num resíduo de histidina altamente conservado, o grupo fosforil é transferido para um resíduo de aspartato específico do regulador de resposta. A maioria dos reguladores de resposta são factores de transcrição que consistem num domínio recetor N-terminal conservado e num domínio de ligação ao ADN C-terminal. A regulação transcricional dos genes-alvo é modulada através da fosforilação do regulador de resposta (Stock e West, 2003). Estudos estruturais demonstraram que a fosforilação do domínio recetor N-terminal promove uma alteração conformacional de longo alcance que é transmitida ao longo do domínio recetor. O tempo de vida dos reguladores de resposta fosforilados é limitado tanto por uma atividade auto-fosfatásica intrínseca do regulador de resposta como por uma atividade fosfatásica do sensor de cinase cognato.

Os reguladores de resposta são classificados nas subfamílias OmpR/PhoB, NarL/FixJ e Ntrc/DctD com base na semelhança de sequência no domínio efector C-terminal. Nos membros da subfamília OmpR/PhoB, o domínio C-terminal é constituído por um motivo de hélice alada-volta-hélice (Kenney, 2002). Embora todos os membros desta subfamília partilhem uma estrutura tridimensional semelhante e sejam activados por fosforilação, parecem variar no seu mecanismo de ativação. Foi demonstrado que a fosforilação da PhoB de *Escherichia coli induz* a dimerização e, por sua vez, aumenta a sua afinidade pelo ADN (McCleary, 1996). Em contrapartida, verificou-se que a fosforilação de OmpR aumentava a sua afinidade de ligação ao ADN sem promover a dimerização da proteína em solução, o que sugere que a dimerização pode ocorrer após a interação com o ADN. O regulador de resposta $PhoPB_S$ U do sistema de dois componentes PhoP/PhoR de *Bacillus subtilis* (designado $PhoP_{BSU}$ para o distinguir do PhoP do sistema PhoP/PhoQ de *Salmonella enterica*) demonstrou ser dimérico e ligar-se ao ADN alvo independentemente do seu estado de fosforilação (Pragai *et al*., 2004).

Em *S. enterica*, PhoP é o regulador de resposta do sistema de dois componentes PhoP/PhoQ, que responde ao Mg ambiental^2 + (Ernst *et al*,

2001). É outro membro da subfamília OmpR/PhoB. Modula a expressão de mais de

40 genes envolvidos na adaptação a ambientes limitadores de Mg^{2+} , na sobrevivência em macrófagos, nas modificações de LPS e na resistência a péptidos antimicrobianos (Groisman, 2001). Embora alguns genes regulados por PhoP não apresentem uma sequência de reconhecimento de ADN consensual para PhoP, outros genes regulados por PhoP, como o gene *mgtA*, contêm uma única caixa PhoP conservada na sua região promotora. Esta caixa PhoP está localizada aproximadamente 30 bases a montante do local de início da transcrição e consiste numa repetição direta do heptanucleótido (G/T) GTTTA (A/T) (Lejona *et al.*, 2003).

PhoP-PhoQ constitui o primeiro exemplo de um sistema regulador que utiliza Mg extracelular^{2+} como sinal primário. O crescimento em concentrações micro molares de Mg^{2+} promove a transcrição de genes activados por PhoP de uma forma dependente de PhoP e PhoQ, ao passo que o crescimento em concentrações mili molares de Mg^{2+} reprime a expressão de genes activados por PhoP para os níveis exibidos por mutantes nulos de *phoP ou* phoQ. Para além do Mg^{2+} , o Ca^{2+} e o Mn^{2+} podem reprimir a transcrição de genes activados por PhoP, enquanto o Ni^{2} +, o Cu^{2+} , o Co^{2+} e o Ba^{2+} não têm qualquer efeito (Garcia Vescovi, *et al.*, 1996).

A proteína PhoQ *de Salmonella* apresenta duas regiões trans membranares que definem uma longa cauda citoplasmática C-terminal que alberga o resíduo de histidina que se prevê ser o local de autofosforilação e um domínio periplasmático que alberga vários resíduos ácidos que podem estar envolvidos na deteção de catiões divalentes. As experiências in vivo indicam que a proteína PhoQ tem sítios de ligação distintos e não interactivos para o Mg^{2+} e o Ca^{2+} e que o sistema PhoP-PhoQ responde aos níveis periplasmáticos (em oposição aos citoplasmáticos) destes catiões divalentes. Além disso, experiências in vitro demonstraram que o domínio periplasmático purificado de 146 aminoácidos de PhoQ liga Mg^{2} + mas não Ba^{2+} , um catião divalente incapaz de reprimir a transcrição de genes regulados por PhoP (Waldburger *et al.,* 1996). Um grupo de resíduos ácidos na região periplasmática da proteína PhoQ foi implicado na deteção de Mg^{2} + por *E. coli* (Waldburger *et al.,* 1996); no entanto, o seu papel não é atualmente claro porque o grupo ácido não é conservado na proteína PhoQ de algumas espécies Gram-negativas que respondem ao Mg^2 +.

Um subconjunto de genes activados por PhoP é regulado através de outro sistema de dois componentes, PmrA-PmrB, em que PmrA é o regulador de resposta e PmrB é um sensor cinase que responde ao ferro férrico extracitoplasmático. Assim, concentrações baixas de Mg^2 + ou altas de Fe^3 + promovem a transcrição de genes dependentes de PmrA activados por PhoP. Em contraste, a transcrição dos genes activados por PhoP que são independentes de PmrA é promovida em baixas concentrações de Mg^2 +, mas não responde ao Fe^3 + (Wosten *et al.,* 2000).

É interessante que o agente patogénico filogeneticamente distante *Mycobacterium tuberculosis* possui um homólogo MgtC que também é necessário para o crescimento em concentrações baixas de Mg^2 +, proliferação em macrófagos e virulência em ratos (Buchmeier *et al.,* 2000). Em contraste, a *E. coli,* estreitamente relacionada, não possui o gene *mgtC* e não consegue crescer em concentrações de Mg^2 + tão baixas como *a Salmonella*. Isto sugere que a aquisição do gene *mgtC* e a consequente capacidade de crescer em baixas concentrações de Mg^2 + foram passos importantes no desenvolvimento da *Salmonella* como agente patogénico intracelular. Uma vez que os mutantes *mgtC* não são tão atenuados como os mutantes nulos *phoP*, é provável que outros loci regulados por PhoP medeiem a virulência *da Salmonella* em ratinhos. Dois desses loci candidatos, que foram implicados na sobrevivência intra-macrófagos, são os genes *spv* no plasmídeo de virulência *da Salmonella* e os genes *ssa* e *sse* na ilha de patogenicidade SPI-2. No entanto, o papel de PhoP na transcrição dos genes *spv* e SPI-2 permanece controverso, sugerindo a existência de outros genes de virulência activados por PhoP, ainda não identificados (Matsui *et al.,* 2000).

O sistema PhoP-PhoQ é necessário para a virulência em várias espécies que têm estilos de vida muito diferentes dos da *Salmonella*. Por exemplo, *a S. flexneri,* o agente da disenteria bacilar, necessita de um gene *phoP* funcional para uma virulência total (Moss *et al.,* 2001), apesar de causar uma doença diferente e de residir normalmente num compartimento subcelular diferente do da *Salmonella*. Um mutante *phoP da Shigella* é hipersensível à morte por neutrófilos (Moss *et al.*, 2001), o único tipo de célula em que *a Shigella*, tal como *a Salmonella*, permanece dentro de um vacúolo ligado à membrana (Buchmeier *et al.*, 2000) e não escapa para o citosol através da lise da membrana fagossómica.

Objectivos do presente estudo

1. Estudar a prevalência de *Salmonella typhi* em várias amostras de alimentos recolhidas durante diferentes períodos experimentais em vários distritos importantes de Tamil Nadu.

2. Avaliar e identificar o padrão de multirresistência de *S. typhi* com base no padrão antibiótico e no antibiograma.

3. Identificar o ADN plasmídico que codifica a multirresistência e o padrão proteico PhoP/Q a partir do conteúdo proteico nuclear total de *S. typhi.*

4. Analisar a proteína PhoP/Q de ligação ao ADN com base na modificação química DEPC, utilizando técnicas de ensaio de deslocamento da mobilidade do gel.

5. Avaliar o significado da expressão das proteínas PhoP/Q adaptadas e não adaptadas de *S. typhi* para a virulência em termos de patogenicidade.

3. Materiais e métodos

3.1. Produtos químicos

Todos os produtos químicos eram de grau analítico adquiridos à Qualigens fine chemicals, Índia: SRL, Índia: Sigma chemical co, EUA e E Merck Ltd, Índia. Os antibióticos, os meios de cultura e o pó de ágar foram adquiridos a Hi- media Laboratories Pvt. Ltd, Índia.

3.2. Isolamento da amostra

Solução salina - 10 ml

Agar para Salmonella Shigella - 9,00 g

Água destilada - 150 ml

3.3. Teste de identificação morfológica

3.3.1. Coloração de Gram

Cristal violeta:

Violeta cristal - 10,0g

Álcool absoluto - 100 ml

Água destilada - 900 ml

Dissolver o corante com álcool, filtrar e adicionar água.

Iodo de Gram:

Iodo- 1,0g

Iodo de potássio - 2,0 g

Água destilada - 1000 ml

Safranin:

Safranina - 0,25 g

Água destilada - 1000 ml

Ácido clorídrico - 25 ml

3.4. Teste bioquímico

3.4.1. **Ensaio do indole**

Água de Peptona - 1,0 g

Regente de Kovacs - 1 ml

Água destilada - 100 ml

3.4.2. **Vermelho de metilo**

Caldo MR-VP - 1,7 g

Vermelho de metilo - 5 gotas

Água destilada - 100 ml

3.4.3. **Teste Voges proskauer**

Caldo MR VP - 1,7 g

N Naftanol - 0,5 ml

Hidróxido de potássio -0,2 g

Água destilada - 100 ml

3.4.4. **Teste de utilização de citrato**

Ágar citrato de Simmons-2 ,4 g

Água destilada - 100 ml

3.4.5. **Composição do meio de ágar de ferro e açúcar triplo (g/L)**

Extrato de carne de bovino- 03.0

3.4.6. extrato- 03.0

Peptona-05 .0

Lactose-10 .0

Sacarose-10 .0

Glicose-01 .0

Sulfato ferroso - 00,2

Tiossulfato de sódio - 05.0

Ágar-15 .0

Vermelho de fenol-0 ,02

Água destilada - 1000 ml

3.5 Teste de suscetibilidade antimicrobiana

3.5.1. Composição do meio de ágar Muller-Hinton (g/L)

Infusão de carne-02.0

Hidrolisado de cesina - 17,5

Amido-01.5

Ágar-13,5

Água destilada - 1000 ml

3.5.2. Antibióticos

Ampicilina

Ciprofloxacina

Tetraciclina

Cloranfenicol

Gentamicina

Canamicina

Amoxclave

Água destilada

3.5.3 Meios de cultura

Luria - Bertani (LB) Médio

Extrato de levedura - 5g

Peptona - 10g

NaCl-10g

Água destilada -1000ml

3.6 Reagentes para o isolamento do ADN de plasmídeos pelo método de lise alcalina (Midi Prep)

3.6.1. Tampão de suspensão (solução de lise I)

Glicose -50mM

Tris Hcl -25mM

EDTA -10mM

3.6.2. Tampão de lise (solução de lise II)

NaOH -0.2N

SDS- 1%

3.6.3. Solução de acetato de potássio (pH-5,2 (solução de lise III)

Acetato de potássio - 5M

Ácido acético glacial - 5,75ml

Água destilada - 15,25ml

3.6.4. Clorofórmio: álcool isoamílico (24:1)

3.6.5. TBE (10X)

Base Tris -89mM

Ácido bórico - 89 mM

EDTA- 0,5M

3.6.6. Carregamento de corante

Sacarose-40%

Azul de bromofenol -0,25%

3.6.7. Agarose

1%, adicionou-se 2µl de brometo de etídio a 50 ml de agarose a 1%.

3.7. Reagente para extração de proteínas nucleares

3.7.1. Anticoagulante

15% EDTA

3.7.2. Tampão de extração

20 mM HEPES (pH 7,9)

1.5mM $MgCl_2$

0,42 M NaCl

0,2 mM EDTA

25% Glicerol

1mM DTT e

1:100 cocktail de inibidores de protease.

3.8. Reagentes para o método de estimativa de proteínas de Lowry

Reagente - A Carbonato de sódio a 2% em NaOH 0,1N

Reagente - B Sulfato de cobre a 0,5% em tartarato de sódio e potássio a 1%

Reagente - C 50ml de reagente A e 1ml de reagente B

Folins ciocalteau

3.8.1. BSA Solução-mãe padrão

Dissolveram-se 100 mg de albumina de soro bovino em 100 ml de água.

3.8.2. Solução padrão de trabalho de BSA

Diluiu-se 10 ml de solução-mãe padrão de BSA para 100 ml com água.

3.9. Reagentes para SDS PAGE

3.9.1. Solução de acrilamida (30%)

Solução de acrilamida a 30% contendo 29,2 gms de acrilamida e 0,8 gm de bisacrilamida até 100mL. Filtrar e armazenar a 4°C num frasco de cor âmbar.

3.9.2. Tampão de gel de separação (pH 8,8) 1,5M

7,7 g de base Tris (ou) 1,84 g de Tris HCl dissolvido, pH ajustado a 8,8 com base ou ácido e completado a 50mL.

3.9.3. Tampão de gel de empilhamento (pH 6,8) 1,5M

0,76 g de Tris HCl (ou) 0,05 g de Tris base dissolvido, pH ajustado para 6,8 e completado para 50mL.

3.9.4. Tampão de amostra 2X

O tampão de amostra consiste em 0,76 g de Tris HCl, 2 g de SDS, 10 ml de glicerol e uma pitada de azul de bromofenol. O pH foi ajustado para 6,8 e completado para 50 ml com água destilada.

3.9.5. Tampão de corrida 1X

O tampão de corrida contendo base Tris 3,03 gm, glicina 14,4 gm e 1gm de SDS foi completado até 1 litro (pH 8,3).

3.9.6. 10% SDS

Pesar 10 g de SDS e dissolvê-lo em 100 ml de H_2O (1 g/10 ml).

3.9.7. 10% APS (Preparar de fresco)

100mg de sulfato de amónio em 1mL de água destilada.

3.9.8. TEMED (N,N,N,N - Tetra metil etileno diamina)

3.10. Reagentes para modificação química

O DEPC foi adicionado a um tampão contendo 10 mM de HEPES (pH 7,0), 100 mM de MgCl2 e 1 mM de DTT.

3.11. Reagentes para o ensaio de mobilidade em gel

3.11.1. Tampão de ligação

20mM HEPES (pH 7,9)

5mM MgCl2 1

420mM NaCl

EDTA 0,2 mM

25%Glicerol (v/v)

3.11.2. Inibidores da protease

Aprotinina - 100µg/ml

Pepstatina - 1 µg/ml

PMSF - 0,5mM

Agarose (0,7%) - Adiciona-se 0,7 g de agarose a 50 ml de tampão TAE e 2 µl de brometo de etídio.

3.11.3. Cloreto de cálcio 100 mM:

1,47 g de cloreto de cálcio são dissolvidos em 100 ml de água destilada estéril e esterilizados em autoclave antes da utilização.

Métodos

3.12. Isolamento de *Salmonella.typhi a* partir de resíduos de aves de capoeira

Um total de oitenta e três amostras de carne foram colhidas de resíduos de aves de capoeira em condições assépticas e transportadas para o laboratório o mais rapidamente possível para exame bacteriológico, especialmente para detetar a presença de *Salmonella typhi.* Cada amostra foi diluída em série e inoculada em ágar *Salmonella* shigella e em ágar MacConkey, separadamente, e cada estirpe foi identificada de acordo com o procedimento padrão do manual de bacteriologia determinativa de Bergey.

3.13. Serotipagem

Para determinar os serogrupos, foram utilizados soros específicos dos grupos O, H, A, B e D. Para efetuar a serogrupagem dos isolados de *Salmonella*, os anti-soros foram adquiridos ao King Institute of India, Tamilnadu.

3.14. Teste de identificação morfológica

3.14.1. Coloração de Gram

Foram efectuados esfregaços bacterianos de culturas com 16-18 horas de idade em lâminas de vidro transparentes, fixadas pelo calor e coradas da seguinte forma. A lâmina foi inundada com violeta cristalino durante um minuto, escorrida e lavada com água, seguida de iodo de Gram durante 1 minuto e observada num microscópio de imersão em óleo.

3.14.2. Teste de motilidade (método da gota suspensa)

Colocou-se uma gota de culturas com 16-18 horas de idade num vidro de cobertura e colocou-se uma lâmina de gravidade sobre ela. Em seguida, inverteu-se e observou-se ao microscópio.

3.14.3. Teste de identificação cultural

3.14.3.1. Ágar nutriente:

O ágar nutriente foi preparado, esterilizado e vertido em placas de Petri estéreis. Após a solidificação, as placas foram semeadas e incubadas à temperatura ambiente durante uma noite.

3.14.3.2. Ágar MacConkey:

O ágar MacConkey foi preparado, esterilizado e semeado em condições assépticas e incubado a 37° c durante 24 horas.

3.14.3.3. Ágar Salmonella Shigella:

O ágar de Salmonella shigella foi preparado, esterilizado e vertido em placas de Petri estéreis. Após a solidificação, as placas foram inoculadas e incubadas a 37°C durante

24 horas. As colónias de cor preta foram absorvidas.

3.15. Teste de identificação bioquímica

3.15.1. Produção de indole

O caldo de peptona foi inoculado com as culturas e incubado a 37° C durante 24 horas. Após a incubação, adicionou-se 0,2 ml de reagente de Kovac e observou-se a formação de anéis de cor vermelho-cereja, o que indicou uma reação positiva.

3.15.2. Vermelho de metilo

O caldo MR-VP inoculado com a cultura foi incubado durante 24 horas a 37°C. Após incubação de cerca de 5-6 dias, adicionou-se rapidamente a solução de vermelho de metilo.

3.15.3. Teste Voges proskauer

O caldo MR-VP foi utilizado para o teste VP. Através de 100 ml de água destilada, foram preparados 1,7 g de caldo MR-VP. Foram colocados 5 ml de caldo MR-VP num tubo e, após esterilização, foi inoculada uma pequena quantidade de cultura. Em seguida, incubou-se a 37^{s} C durante 24-48 horas. Após a incubação, foram adicionados 0,5 ml de α-naftanol e 0,2 ml de KOH. Em seguida, observou-se a mudança de cor.

3.15.4. Catalase

Uma colherada de colónias com 24 horas de idade da bactéria testada foi espalhada numa lâmina de vidro transparente e convertida com algumas gotas de solução de H2O2 a 20%.

3.15.5. Oxidase

O disco de oxidase que foi preparado por impregnação com oxalato de p-aminodimetilanilina foi mantido na placa de Petri estéril e, com a ajuda de um tubo capilar, a colónia de ágar nutriente foi retirada e esfregada sobre o disco. A mudança de cor foi observada após 24 horas.

3.15.6. Urease

O disco de urease, preparado por impregnação com ureia comercial como fonte de azoto, foi mantido na placa de Petri estéril e, com a ajuda de um tubo capilar, a colónia de ágar nutriente foi retirada e esfregada sobre o disco. A mudança de cor foi registada após 24 horas.

3.15.7. Redução de nitratos

As culturas foram inoculadas em caldo de nitrato e, após incubação, foi adicionado 0,1 ml do reagente de teste. As culturas em caldo foram observadas quanto ao desenvolvimento de cor vermelha, o que indica a presença de nitrato e, por conseguinte, a capacidade do organismo para reduzir nitratos.

3.15.8. H_2 Produção de S e fermentação do açúcar

O ágar de ferro e açúcar triplo foi inoculado com o organismo testado e incubado a 37°C durante 24 horas. Observou-se que a mudança na cor do meio de vermelho para amarelo indicava a produção de H2S. As rupturas no meio mostraram a produção de gás a partir da glucose.

Todos os seis meios (glucose, lactose, sacarose, galactose, maltose, manitol) foram preparados em água destilada e o pH foi ajustado para 7,4. Foi adicionado azul de bromotimol e distribuído em tubos. O tubo de Durham foi introduzido no tubo contendo o caldo e autoclavado a 12ºC durante 15 minutos. A bactéria de teste foi inoculada em cada um dos seis meios. Depois de marcar o tubo, os tubos foram incubados a 37: - durante 24 horas.

3.16. Antibiograma de *Salmonella.typhi* de resíduos de aves de capoeira (método de Kirby-Bauer (1966))

Um antibiograma é o resultado de um teste laboratorial para determinar a sensibilidade de uma estirpe bacteriana isolada a diferentes antibióticos. Trata-se, por definição, de uma sensibilidade in vitro. A determinação da resistência a múltiplos medicamentos entre as *Salmonella* provenientes de resíduos de aves de capoeira baseou-se no diâmetro. *As Salmonella de* aves de capoeira foram consideradas como resistentes à zona de inibição de acordo com as tabelas publicadas pelo NCCL (National Committee for Clinical Laboratory Standards).

O método de difusão em disco de Kirby-Bauer é normalmente utilizado para o teste de sensibilidade aos antibióticos (Bauer-Kirby *et al.*, 1966).

O teste baseia-se no princípio de que uma quantidade conhecida de antibióticos é colocada em placas abertas e espalhada informalmente com as bactérias a serem testadas. Após a incubação, o tamanho da zona de inibição produzida pelo disco de antibiótico é proporcional à concentração inibitória mínima (CIM), de acordo com a recomendação do National Committee for Clinical Lab (NCCL). A CIM é referida como a concentração mais baixa de antibiótico que exibe a zona de inibição na placa de ensaio.

3.16.1. Preparação das placas

O ágar Muller Hinton foi preparado, esterilizado e vertido em placas de Petri estéreis. A profundidade do meio foi mantida aproximadamente a 4 mm. Após a solidificação, as placas foram secas durante 30 minutos numa incubadora para remover o excesso de humidade da superfície.

3.16.2. Preparação de inóculos

Foi selecionada uma única colónia da placa de estrias quadrantes e inoculada em caldo nutritivo estéril. O caldo foi incubado a 35-37° C durante 2-5 horas. O tamanho dos inóculos foi padronizado para corresponder ao padrão McFarland.

3.16.3. Inoculação

A cultura incubada foi recolhida e a sua turvação foi ajustada para a concentração de células a 100/ml. Mergulhou-se uma zaragatoa de algodão estéril na solução de caldo diluída e rodou-se a zaragatoa molhada na parede lateral do tubo para remover o excesso de inóculo. A superfície de ágar da placa foi esfregada em três direcções, rodando as placas num ângulo de 60oC entre cada esfregadela. As placas foram mantidas à temperatura ambiente durante 5-10 minutos para secar o excesso de inóculo, uma vez que é desejável um crescimento confluente para obter resultados exactos. Os antibióticos utilizados em cada placa por disco foram: Ampicilina (25mcg), Tetraciclina (30mcg), Estreptomicina (25mcg), Cloranfenicol (30mcg), Rifampicina (30mcg), Cotrimoxazol (25mcg), Bacitracina (25mcg), Nitrofurantónico (30mcg), Norfloxacina (10mcg) e Ciprofloxacina (5mcg)

3.16.4. Colocação de discos de antibiótico

Os discos de sensibilidade preparados foram colocados cuidadosamente nas placas com uma pinça flamejante a uma distância mínima de 25 mm do bordo. É necessária uma distância igual entre os discos para evitar a sobreposição da zona de inibição. Os discos são pressionados suavemente sobre a superfície do meio e deixados a repousar em condições de refrigeração durante 30 minutos (tempo de pré-difusão). As placas foram incubadas a 37°C durante 24 horas. Os diâmetros das zonas de inibição foram medidos no final do período de incubação. Os rádios das zonas que mostraram inibições completas foram medidos e registados como ponto de inibição completa, com uma aproximação de milímetros, utilizando a escala de medição de zonas (Himedia).

3.17. Cálculo do índice MAR

Índice de resistência a múltiplos antibióticos calculado de acordo com Krumperman (1983) Índice MAR a/b. a-número de antibióticos resistentes. b- número total de antibióticos expostos. Os valores do índice MAR superiores a 0,2 correspondem a fontes de contaminação de alto risco e os valores do índice inferiores a 0,2. Os antibióticos são raramente ou nunca utilizados.

3.18. Isolamento de ADN plasmídico pelo método de preparação midi de lise alcalina

Foram transferidos 15 ml de cultura nocturna para um tubo de centrifugação de 15 ml e centrifugados a 12000 rpm. O sobrenadante foi descartado e o pellet foi suspenso em 200µl de tampão de suspensão. A este, foram adicionados 400µl de tampão de lise recentemente preparado. Os tubos foram incubados em gelo durante 3 minutos e foram adicionados 300 µl de solução de acetato de potássio gelada. O lisado bacteriano foi centrifugado a 12000 rpm durante 5 minutos. Transferiu-se 600μl de sobrenadante para um tubo novo. Foi adicionado um volume igual de clorofórmio:fenol e centrifugado. A camada aquosa foi transferida para um novo tubo. Adicionou-se 200μl de isopropanol para precipitar o ADN presente na camada aquosa. A mistura foi centrifugada, o sobrenadante foi eliminado e o sedimento foi seco ao ar. A este sedimento foi adicionado etanol a 70%, centrifugado e seco ao ar. Os ácidos nucleicos foram dissolvidos em tampão TE.

3.19. Extração de proteínas de ligação ao ADN phoP/ phoQ das células *de Salmonella*

Foram recolhidos 5 ml de cultura de *Salmonella* e foi adicionado um volume igual de tampão de extração. A suspensão foi incubada a 4°C durante 1 hora e centrifugada a 12000 rpm durante 15 minutos. O sobrenadante foi recolhido e utilizado para o ensaio de deslocamento de mobilidade em gel (Gite *et al.,* 1992).

3.20. Estimativa das proteínas de ligação ao ADN phoP/ phoQ pelo método de Lowry

Pipetou-se 0,2 - 1 ml do padrão de trabalho para uma série de tubos e todos os tubos foram completados até 1 ml com água destilada. O tubo branco contendo 1 ml de água destilada e 0,5 ml da solução de teste foi completado até 1 ml com água destilada como teste. Adicionou-se 5 ml de reagente de cobre alcalino (Reagente C) a todos os tubos de ensaio e manteve-se durante 10 minutos à temperatura ambiente. Em seguida, adicionou-se 0,5 ml de reagente de Folins ciocalteau a todos os tubos, que foram bem misturados e incubados a 37°C no escuro durante 30 minutos. A cor azul desenvolvida foi lida a 660nm. Foi traçado um gráfico padrão com a concentração de BSA no eixo X e a densidade ótica no eixo Y.

3.21. Electoforese em gel de poliacrilamida SDS das proteínas de ligação ao ADN phoP/ phoQ

3.21.1. Fundição de gel

Foram montadas duas placas de vidro com espaçadores em três lados e seladas com ágar. Preparou-se o gel de separação, que foi vertido no espaço e deixado polimerizar pela adição de uma camada de n-butanol saturado de água no topo. Seguiu-se o empilhamento do gel. Foi inserido um pente e deixou-se polimerizar.

3.21.2. Preparação da amostra

Às amostras (contendo 10, 20 e 30 µg de proteína), foi adicionado um volume igual de tampão de amostra 2x, agitado em vórtex e aquecido num banho de água a ferver durante 1-2 minutos e arrefecido a 25°C.

3.21.3. Funcionamento do gel

O gel polimerizado foi montado na cuba de eletroforese. O tampão de eletroforese foi adicionado ao tanque superior e inferior. Em seguida, ligou-se à fonte de alimentação e a eletroforese foi efectuada a 50 volts.

3.21.4. Coloração com prata

Após a eletroforese, transferir o gel para um recipiente de plástico limpo e lavar o gel na solução de lavagem com agitação lenta durante 10 minutos. Eliminar a solução de lavagem e enxaguar o gel com água abundante durante 2 minutos. O gel foi mergulhado numa solução de tiossulfato de sódio durante 1-2 minutos. O gel foi lavado com água duas vezes, de 1 a 2 minutos de cada vez. Escoar a água de lavagem. O gel foi mergulhado em solução de nitrato de prata durante 10 minutos, com agitação suave. Lavar o gel em água como na etapa anterior. Verter o revelador para o recipiente de plástico e agitar o gel lentamente, com cuidado. As proteínas reduzem o nitrato de prata a prata e aparecem bandas de cor amarela a castanha escura. Quando a intensidade das bandas for suficiente, parar a reação adicionando ácido cítrico ou uma solução de ácido acético. Registar o padrão de bandas de proteínas por fotografia.

3.22. Modificação química das proteínas de ligação ao ADN PhoP/ PhoQ com DEPC

Foram experimentadas diferentes concentrações de DEPC, variando de 0,5 a 1,5µl.

3.23. Ensaio de deslocamento da mobilidade do gel

3.23.1. Preparação da amostra

O controlo com apenas Plasmídeo. 0,5, 1,0, 1,5, 2,0, 2,5 e 3 µl (concentração 0,4µg^l) de extrato nuclear (não modificado) foi misturado com 10 µl de ADN plasmídico juntamente com tampão de ligação. O volume final de 20 µl foi completado com água destilada e incubado a 10°C durante 30 minutos.

Para estudos de modificação química, 3 µl de extrato nuclear (modificado) foram misturados com 10 µl de ADN plasmídico juntamente com tampão de ligação. O volume final de 20 µl foi completado com água destilada e incubado a 10°C durante 30 minutos.

3.23.2. Eletroforese

As amostras incubadas foram colocadas num gel de agarose a 0,7% durante 6 horas a 10°C. Os géis foram fotografados utilizando o transiluminador UV do sistema Alpha DigiDoc.

3.24. Recuperação de informação genética de *Salmonella.typhi a* partir do NCBI

A informação sobre o genoma total de *Salmonella.sps* foi obtida da base de dados NCBI utilizando o número de acesso **NC_004631.**

3.25. Preparação do gene *Pho p/q* alterado

A sequência genética alterada foi encomendada à Helini Biomolecules, Chennai pvt. Ltd. A sequência genética foi marcada com o gene lac *z*.

3.26. Transformação de *Pho p/q* alterado na cultura de *Salmonella typhi* MDR

3.26.1. Preparação da cultura

No primeiro dia, uma única colónia de MDR *Salmonella.typhi* foi semeada em meio LB sem qualquer marcador de seleção e incubada nas placas a 37° C durante uma noite. No dia seguinte, retirou-se uma colónia bem desenvolvida da placa e inoculou-se em 50 ml de caldo LB. Incubar o frasco num agitador de incubadora (200rpm) durante uma noite a 37oC.

3.26.2. Preparação de células competentes

Da cultura da noite para o dia, 200µl da cultura foram transferidos assepticamente para 20ml de caldo LB e incubados a 37° C com 200 rpm durante 2-3 horas até o O.D atingir aproximadamente 0,4-0,5. Transferir assepticamente a cultura para um tubo de polipropileno estéril e gelado. Incubar em gelo durante 10 minutos. Girar o tubo a 4000rpm durante 5 minutos a 4oC e rejeitar completamente o sobrenadante e ressuspender as células bacterianas em 10ml de cloreto de cálcio 100mM gelado e incubar em gelo durante 15 minutos com agitação ocasional. Centrifugar a 4000rpm durante 5 minutos (4oC). Eliminar completamente o sobrenadante e ressuspender as células em 400µl de cloreto de cálcio 100mM gelado.

3.26.3. Indução de choque térmico na transformação

Colocar 200µl de células competentes num tubo Eppendorf estéril e fresco e manter em gelo. Foram adicionados 50ng do transgene (pho *p/q* alterado) num volume de 10µl. O conteúdo foi misturado suavemente com uma pancada e incubado em gelo durante 30 minutos. Manter o tubo Eppendorf num banho de água a 42oC imediatamente e incubar durante 2 minutos. Transferiu-se o tubo Eppendorf e incubou-se imediatamente em gelo durante 10 minutos.

3.26.4. Rastreio

Foram colhidos 200 µl de células transformadas de *Salmonella typhi* MDR e colocados na superfície de um meio LB sólido suplementado com X-gal e IPTG (isopropiltiogalactosido). As células foram espalhadas suavemente sobre a superfície do meio. Incubar as placas a 37oC durante 12-16 horas.

3.27. Extração de proteínas, confirmação e comparação das proteínas transformadas com o padrão de proteínas de tipo selvagem em ou por SDS-PAGE.

As proteínas das células transformadas e não transformadas foram extraídas utilizando o tampão de extração nuclear. Às amostras (contendo 10, 20 e 30 μg de proteínas), adicionar igual volume de tampão de amostra 2x, agitar em vórtex e aquecer num banho de água a ferver durante 1-2 minutos e arrefecer a 25°C. O gel polimerizado foi montado na cuba de eletroforese. O tampão de eletroforese foi adicionado à cuba superior e inferior. Em seguida, ligou-se à fonte de alimentação e a eletroforese foi efectuada a 50 volts. O gel electroforizado foi fixado em solução de fixação. Em seguida, foi corado com azul brilhante de Coomassie para determinar o padrão proteico.

4. Resultados

As espécies de Salmonella estão amplamente distribuídas no ambiente e causam um espetro diversificado de doenças nos seres humanos e nos animais. Os serótipos móveis de *Salmonella* são frequentemente designados por Salmonella paratyphoid (PT) que se encontram em todo o mundo. Estes organismos podem infetar uma grande variedade de hospedeiros, incluindo animais selvagens, animais domésticos e seres humanos, resultando, em alguns casos, em transporte intestinal relativamente assintomático e, noutros casos, produzindo doença clínica. Muito recentemente, as Salmonellae PT têm sido objeto de um interesse intensificado como agentes de doenças de origem alimentar nos seres humanos.

O presente estudo revelou um total de 130 amostras diferentes obtidas de unidades avícolas que abrangem as principais cidades de Tamil Nadu, na Índia, entre 2008 e 2009, nas quais foram isoladas estirpes de *Salmonella typhi*. Estas foram submetidas a um teste de sensibilidade aos antibióticos e a uma análise MDT, tendo sido seleccionadas para estudo as estirpes potencialmente multirresistentes (MDR). As características moleculares da *S. typhi* MDR foram estudadas através da natureza da ligação ao ADN, da construção genética de PhoP/Q e do padrão de expressão proteica. As características moleculares foram modificadas através de técnicas de engenharia genética para a inibição de proteínas virulentas de *S. typhi* MDR.

Capítulo - I

Isolamento e caraterização de estirpes de *Salmonella* de várias áreas geográficas em Tamil Nadu, Índia.

Recolha de amostras de várias zonas geográficas para deteção de *Salmonella typhi*

Os produtos de aves de capoeira são consistentemente identificados como fontes importantes de Salmonellae que causam doenças humanas. Mais de um terço dos surtos de salmonelose de origem alimentar em humanos nos Estados Unidos entre 1983 e 1987 foram associados a carne de aves de capoeira ou ovos. Entre 1985 e 1996, cerca de 79% dos surtos de *S.enteritidis* nos Estados Unidos que podiam ser atribuídos a um veículo alimentar específico estavam associados a ovos (Angulo e Swedlow, 1999). A Organização Mundial de Saúde (OMS) estimou que, anualmente, ocorrem 1,3 mil milhões de casos de gastroenterite aguda ou diarreia devido a salmonelose não tifoide, com 3 milhões de mortes, e perto de 17 milhões de casos de febre tifoide, com cerca de 600 000 mortes.

O presente estudo identificou as zonas de Erode, Namakkal, Tirupur, Karur e Salem do estado de Tamil Nadu, na Índia, onde existe uma abundância de explorações avícolas para a produção de carne e ovos. Foi recolhido um total de 130 amostras de alimentos, das quais foram isoladas 87 estirpes de *S. typhi*. O resultado revelou que não existia correlação entre o número de amostras obtidas e o isolamento de estirpes de *Salmonella*. Para o presente estudo, foi recolhido um total de 27 amostras de carne de frango em Erode, 35 amostras de resíduos de aves de capoeira em Namakkal, 20 amostras de alimentos contaminados em Tirupur, 23 amostras de frangos mortos em Salem e 25 amostras de ovos contaminados nos distritos de Karur, em Tamil Nadu (quadro 1 e figura 1).

Quadro 1. Recolha de amostras de alimentos de várias áreas geográficas para o isolamento de *Salmonella typhi*

S.N.	Local (Distritos)	Mês da recolha	Número de amostras	Fonte	N.º de isolados de Salmonella
1.	Erode	maio 2008	27	Fresco Galinha Carne	19
2.	Namakkal	Ago 2008	35	Resíduos de aves de capoeira	26
3.	Tirupur	0 de outubro de 2008	20	Contaminado Alimentação	11
4.	Salém	Dez 2008	23	Galinha falecida	14
5.	Karur	maio 2009	25	Contaminado Ovo	17

Micróbios isolados de várias zonas geográficas de Tamil Nadu

Das 130 amostras colhidas em cinco distritos diferentes da parte norte de Tamil Nadu, apenas 87 isolados eram *Salmonella typhi*. O número mais elevado de *Salmonella typhi* foi isolado de amostras colhidas em Namakkal (26 isolados), que são resíduos de aves de capoeira, seguido de 19 isolados de amostras de carne fresca de frango colhidas em Erode e 17 isolados de amostras de ovos contaminados de Karur. Verificou-se que o menor número de isolados de *Salmonella* se encontrava em amostras de alimentos contaminados colhidas em Tirupur (11 isolados).

As estirpes foram designadas como ESAL33, ESAL17 e ESAL23, obtidas a partir de amostras de alimentos recolhidas no distrito de Erode (quadro 2). Da mesma forma, foram recolhidas oito estirpes virulentas na zona de Namakkal, designadas por NSAL01, NSAL21, NSAL56, NSAL61, NSAL72, NSAL80, NSAL86 e NSAL90. No caso da zona de Tirupur, foram seleccionadas apenas duas estirpes (PSAL19 e PSAL62), enquanto na zona de Salem foram seleccionadas cerca de cinco estirpes virulentas, como SSAL14, SSAL19, NSAL29, NSAL32 e NSAL41. Na zona de

Karur, as estirpes seleccionadas foram as seguintes: KSAL09, KSAL21, KSAL59, KSAL62, KSAL72, KSAL81, KSAL89 e KSAL91. As estirpes foram designadas com base na área da zona agroclimática (distrito) e no número da estirpe como localização geográfica.

Tabela 2. Micróbios isolados de várias áreas geográficas e designação de estirpes virulentas

Área geográfica	Número de estirpes virulentas	Designação da deformação
Erode	03	ESAL12, ESAL19, ESAL62
Namakkal	08	NSAL01, NSAL21, NSAL56, NSAL61, NSAL72, NSAL80, NSAL86, NSAL90
Tirupur	02	PSAL19, PSAL62
Salém	05	SSAL14, SSAL19, NSAL29, NSAL32, NSAL41
Karur	07	KSAL09, KSAL21, KSAL59, KSAL62 KSAL72, KSAL81, KSAL89, KSAL91
Total de estirpes	24	

Placa 1. Isolamento de *Salmonella* utilizando o meio de ágar S.S.

Caracterização bioquímica de *Salmonella typhi*

Um total de 87 isolados foram biotipados através da realização de reacções de coloração, teste de motilidade e reacções bioquímicas através de uma abordagem taxonómica polifásica. Os testes incluídos foram a coloração de Gram, a motilidade, o teste da urease, as reacções IMViC, o teste TSI e a análise da fermentação de açúcares com glucose, lactose, sacarose, manitol, inositol, sorbitol, dulcitol, tartarato, malonato, salicina e melibiose. Foram também efectuadas caracterizações bioquímicas, como a utilização de indol, vermelho de metilo, vogues Proskauer e citrato (IMVIC), juntamente com testes de oxidase e catalase. Verificou-se que *a Salmonella typhi era* positiva para o vermelho de metilo, o citrato e a catalase e negativa para o indol, o Vogues Proskauer, a oxidase e a hidrólise da ureia (quadros 3 e 4).

Os organismos eram bastonetes Gram-negativos, móveis, positivos para a catalase e negativos para a oxidase. No IMViC, os organismos eram positivos para vermelho de metilo e citrato e negativos para urease. No ágar tríplice açúcar-ferro, o organismo produziu uma lama alcalina e um rabo ácido com gás e sulfureto de hidrogénio. A caraterização bioquímica de *S. typhi* através da fermentação de açúcares foi efectuada para os testes de fermentação de glucose, sacarose, lactose, maltose e manitol e para o teste de ágar de ferro com açúcar triplo. A *S. typhi* apresentou resultados positivos para a produção de gás em todos os testes. A produção de ácido foi negativa na fermentação da lactose, enquanto os restantes testes revelaram uma produção de ácido positiva. Todos os isolados aglutinaram com o antissoro O e D, com base no qual se inferiu que os isolados são *S. typhi*. Com todos os traços de caraterização morfológica, fisiológica e bioquímica acima referidos, a espécie *Salmonella* foi identificada como *typhi* (*Salmonella typhi*). Além disso, foi confirmada com a Microbial Type Culture Collection (MTCC), banco de genes, Chandigarh, Índia.

Quadro 3. Caracterização bioquímica de *Salmonella typhi* através de testes de fermentação do açúcar

S.N.	**Nome do teste bioquímico**	**Resultado**	
		Ácido	**Gás**
1.	Fermentação da glucose	Positivo	Positivo
2.	Fermentação da sacarose	Positivo	Positivo
3.	Fermentação da lactose	Negativo	Positivo
4.	Fermentação da maltose	Positivo	Positivo
5.	Fermentação com manitol	Positivo	Positivo
6.	Teste triplo de açúcar e ferro	Positivo	Positivo

Tabela 4. Caracterização bioquímica de *Salmonella typhi* através do teste IMVIC

S.N.	**Nome do teste bioquímico**	**Resultado**
1.	Indole	Negativo
2.	Vermelho de metilo	Positivo
3.	Voges-Proskauer	Negativo

4.	Citrato	Positivo
5.	Oxidase	Negativo
6.	Catalase	Positivo
7.	Hidrólise da urease	Negativo

Tabela 5. Serotipagem dos isolados contra o antissoro padrão *contra* Salmonella

Antissoro					
N.º de Isolados	**O**	**H**	**Ah**	**Bh**	**Organismos**
87	+	+	-	-	*S. typhi*

Capítulo - II

Um estudo sobre a identificação do padrão de multirresistência de *Salmonella typhi*

Antibiograma dos isolados de *S.typhi*

Foram efectuados testes de sensibilidade aos antibióticos para o isolamento indígena de *S. typhi* utilizando o método de difusão em disco de Kirby-Bauer. Uma cultura bacteriana de um dia para o outro em água peptonada foi colocada sobre o ágar Mueller-Hinton, no qual foram colocados os discos de antibióticos comercialmente disponíveis na seguinte concentração ampicilina (A) 30µg, amicacina (Ak) 30µg, amoxicilina (Am) 25µg, cloranfenicol (C) 25µg, ciproflaxacina (Cf) 30µg, co-trimaxazol (Co) 25µg, gentamicina (G) 30µg, ácido nalidíxico (Na) 30µg, oflaxacina (O) 30µg, rifampicina (R) 30µg, tetraciclina (T) 10mg (meio Hi-). Os resultados mostraram que foi registada uma zona de inibição proeminente no intervalo de 9 a 20 mm, uma grande zona de inibição de 20 mm para a ciproflaxina, seguida de uma zona de inibição de 18 mm para a oflaxina e uma zona de inibição de 16 mm para o co-trimaxazol. A zona de inibição mais pequena foi de 9 mm para a tetraciclina, seguida de 10 mm para a amicacina e a amoxicilina, 11 mm para a ampicilina, a gentamicina e a rifampicina, 12 mm e 13 mm para o ácido nalidíxico e o clorampenicol, respetivamente. De acordo com as normas, os isolados com uma grande zona de inibição foram identificados como sensíveis aos respectivos antibióticos e subsequentemente seleccionados para estudos posteriores (Quadro 6). Além disso, foi também registado o melhor antibiograma de *S. typhi* (quadro 7 e figura 2).

Tabela 6. Padrão de antibiograma das estirpes de *Salmonella*

Strain No.	Ampicillin 30(µg)/disc	Amikacin 30(µg)/disc	Amoxicillin 25(µg)/disc	Chloramphenicol 25(µg)/disc	Ciproflaxacin 30(µg)/disc	Co-trimaxazole 25(µg)/disc	Gentamicin 30(µg)/disc	Nalidixic acid 30(µg)/disc	Oflaxacin 30(µg)/disc	Rifampicin 30(µg)/disc	Tetracycline 10(µg)/disc	Multi Drug Resistant
SAL1	S (22mm)	S (19mm)	S (18mm)	S (17mm)	S (21mm)	S (16mm)	S (21mm)	S (19mm)	S (16mm)	S (20mm)	S (23mm)	
SAL2	S (18mm)	S (22mm)	S (20mm)	S (19mm)	S (26mm)	S (21mm)	S (18mm)	S (22mm)	S (20mm)	S (22mm)	S (20mm)	
SAL3	S (25mm)	S (19mm)	S (26mm)	S (15mm)	S (20mm)	S (19mm)	S (15mm)	S (26mm)	S (17mm)	S (19mm)	S (23mm)	
SAL4	R (13mm)	R (11mm)	R (13mm)	R (12mm)	M (14mm)	S (18mm)	M (14mm)	R (13mm)	S (19mm)	R (16mm)	S (22mm)	✓
SAL5	S (23mm)	S (20mm)	S (21mm)	S (18mm)	S (26mm)	S (19mm)	S (16mm)	S (21mm)	S (19mm)	S (21mm)	S (19mm)	
SAL6	S (17mm)	S (24mm)	S (19mm)	S (16mm)	S (25mm)	S (17mm)	S (20mm)	S (23mm)	S (22mm)	S (24mm)	S (24mm)	
SAL7	S (19mm)	S (25mm)	S (20mm)	S (15mm)	S (22mm)	S (21mm)	S (24mm)	S (19mm)	S (18mm)	S (19mm)	S (24mm)	
SAL8	S (22mm)	S (20mm)	S (19mm)	S (21mm)	S (24mm)	S (18mm)	S (18mm)	S (20mm)	S (16mm)	S (22mm)	S (20mm)	
SAL9	S (27mm)	S (20mm)	S (23mm)	S (19mm)	S (20mm)	S (16mm)	S (16mm)	S (22mm)	S (16mm)	S (26mm)	S (19mm)	
SAL10	S (20mm)	S (26mm)	S (26mm)	S (22mm)	S (26mm)	S (16mm)	S (15mm)	S (24mm)	S (19mm)	S (21mm)	S (19mm)	

Strain No.	Ampicillin 30(µg)/disc	Amikacin 30(µg)/disc	Amoxicillin 25(µg)/disc	Chloramphenicol 25(µg)/disc	Ciproflaxacin 30(µg)/disc	Co-trimaxazole 25(µg)/disc	Gentamicin 30(µg)/disc	Nalidixic acid 30(µg)/disc	Oflaxacin 30(µg)/disc	Rifampicin 30(µg)/disc	Tetracycline 10(µg)/disc	Multi Drug Resistant
SAL11	S (26mm)	S (17mm)	S (19mm)	S (17mm)	S (22mm)	S (26mm)	S (23mm)	S (20mm)	S (17mm)	S (21mm)	S (21mm)	
SAL12	S (20mm)	S (18mm)	S (20mm)	S (19mm)	S (20mm)	S (22mm)	S (18mm)	S (22mm)	S (20mm)	S (22mm)	S (20mm)	
SAL13	S (19mm)	S (20mm)	S (23mm)	S (15mm)	S (26mm)	S (19mm)	S (20mm)	S (19mm)	S (18mm)	S (24mm)	S (25mm)	
SAL14	S (22mm)	S (26mm)	S (21mm)	S (19mm)	S (21mm)	S (16mm)	S (19mm)	S (21mm)	S (19mm)	S (26mm)	S (21mm)	
SAL15	S (27mm)	S (18mm)	S (23mm)	S (18mm)	S (24mm)	S (17mm)	S (18mm)	S (26mm)	S (21mm)	S (19mm)	S (20mm)	
SAL16	R (12mm)	R (13mm)	R (13mm)	R (12mm)	S (21mm)	S (19mm)	R (12mm)	S (22mm)	M (16mm)	S (21mm)	R (14mm)	✓
SAL17	S (19mm)	S (20mm)	S (22mm)	S (15mm)	S (25mm)	S (21mm)	S (16mm)	S (25mm)	S (18mm)	S (24mm)	S (24mm)	
SAL18	S (17mm)	S (21mm)	S (20mm)	S (21mm)	S (22mm)	S (19mm)	S (23mm)	S (25mm)	S (19mm)	S (25mm)	S (22mm)	
SAL19	S (26mm)	S (20mm)	S (19mm)	S (19mm)	S (21mm)	S (16mm)	S (19mm)	S (24mm)	S (21mm)	S (19mm)	S (23mm)	
SAL20	S (20mm)	S (18mm)	S (23mm)	S (22mm)	S (26mm)	S (16mm)	S (23mm)	S (26mm)	S (27mm)	S (22mm)	S (20mm)	

Strain No.	Ampicillin 30(µg)/disc	Amikacin 30(µg)/disc	Amoxicillin 25(µg)/disc	Chloramphenicol 25(µg)/disc	Ciproflaxacin 30(µg)/disc	Co-trimaxazole 25(µg)/disc	Gentamicin 30(µg)/disc	Nalidixic acid 30(µg)/disc	Oflaxacin 30(µg)/disc	Rifampicin 30(µg)/disc	Tetracycline 10(µg)/disc	Multi Drug Resistant
SAL21	S (19mm)	S (19mm)	S (26mm)	S (17mm)	S (21mm)	S (16mm)	S (23mm)	S (19mm)	S (18mm)	S (20mm)	S (23mm)	
SAL22	S (25mm)	S (20mm)	S (21mm)	S (19mm)	S (26mm)	S (21mm)	S (18mm)	S (22mm)	S (20mm)	S (22mm)	S (20mm)	
SAL23	S (27mm)	S (19mm)	S (18mm)	S (20mm)	S (22mm)	S (16mm)	S (19mm)	S (27mm)	S (17mm)	S (28mm)	S (22mm)	
SAL24	S (20mm)	S (17mm)	S (26mm)	S (19mm)	S (26mm)	S (18mm)	S (22mm)	S (25mm)	S (19mm)	S (21mm)	S (25mm)	
SAL25	R (12mm)	R (14mm)	R (11mm)	R (10mm)	S (23mm)	S (19mm)	S (16mm)	R (13mm)	S (22mm)	R (16mm)	M (17mm)	✓
SAL26	S (22mm)	S (20mm)	S (26mm)	S (19mm)	S (25mm)	S (21mm)	S (19mm)	S (19mm)	S (21mm)	S (25mm)	S (24mm)	
SAL27	S (24mm)	S (19mm)	S (20mm)	S (21mm)	S (21mm)	S (24mm)	S (20mm)	S (28mm)	S (18mm)	S (23mm)	S (26mm)	
SAL28	S (22mm)	S (20mm)	S (27mm)	S (21mm)	S (24mm)	S (17mm)	S (25mm)	S (25mm)	S (19mm)	S (22mm)	S (21mm)	
SAL29	R (11mm)	R (10mm)	R (10mm)	R (12mm)	S (20mm)	S (19mm)	R (11mm)	R (12mm)	S (18mm)	R (11mm)	R (9mm)	✓
SAL30	S (23mm)	S (19mm)	S (17mm)	S (22mm)	S (25mm)	S (18mm)	S (25mm)	S (27mm)	S (19mm)	S (20mm)	S (24mm)	

Strain No.	Ampicillin 30(µg)/disc	Amikacin 30(µg)/disc	Amoxicillin 25(µg)/disc	Chloramphenicol 25(µg)/disc	Ciproflaxacin 30(µg)/disc	Co-trimaxazole 25(µg)/disc	Gentamicin 30(µg)/disc	Nalidixic acid 30(µg)/disc	Oflaxacin 30(µg)/disc	Rifampicin 30(µg)/disc	Tetracycline 10(µg)/disc	Multi Drug Resistant
SAL31	S (20mm)	S (17mm)	S (20mm)	S (17mm)	S (21mm)	S (17mm)	S (21mm)	S (19mm)	S (16mm)	S (26mm)	S (20mm)	
SAL32	R (12mm)	R (13mm)	R (13mm)	R (11mm)	R (15mm)	S (24mm)	M (13mm)	M (16mm)	S (20mm)	S (22mm)	S (25mm)	✓
SAL33	S (26mm)	S (20mm)	S (21mm)	S (15mm)	S (24mm)	S (21mm)	S (18mm)	S (20mm)	S (16mm)	S (24mm)	S (20mm)	
SAL34	S (17mm)	S (26mm)	S (25mm)	S (19mm)	S (22mm)	S (19mm)	S (20mm)	S (24mm)	S (17mm)	S (19mm)	S (25mm)	
SAL35	R (13mm)	R (11mm)	R (13mm)	R (12mm)	S (22mm)	M (18mm)	S (15mm)	S (23mm)	S (19mm)	R (15mm)	S (20mm)	✓
SAL36	S (22mm)	S (20mm)	S (21mm)	S (16mm)	S (21mm)	S (17mm)	S (15mm)	S (21mm)	S (22mm)	S (20mm)	S (24mm)	
SAL37	S (22mm)	S (21mm)	S (20mm)	S (15mm)	S (24mm)	S (21mm)	S (18mm)	S (25mm)	S (19mm)	S (22mm)	S (21mm)	
SAL38	R (13mm)	R (14mm)	R (11mm)	R (12mm)	S (23mm)	S (19mm)	R (12mm)	R (13mm)	S (19mm)	S (22mm)	M (18mm)	✓
SAL39	S (24mm)	S (20mm)	S (25mm)	S (19mm)	S (25mm)	S (16mm)	S (23mm)	S (23mm)	S (21mm)	S (25mm)	S (26mm)	
SAL40	S (19mm)	S (27mm)	S (20mm)	S (22mm)	S (26mm)	S (19mm)	S (16mm)	S (22mm)	S (19mm)	S (25mm)	S (19mm)	

Strain No.	Ampicillin 30(µg)/disc	Amikacin 30(µg)/disc	Amoxicillin 25(µg)/disc	Chloramphenicol 25(µg)/disc	Ciproflaxacin 30(µg)/disc	Co-trimaxazole 25(µg)/disc	Gentamicin 30(µg)/disc	Nalidixic acid 30(µg)/disc	Oflaxacin 30(µg)/disc	Rifampicin 30(µg)/disc	Tetracycline 10(µg)/disc	Multi Drug Resistant
SAL41	S (21mm)	S (19mm)	S (22mm)	S (17mm)	S (21mm)	S (26mm)	S (24mm)	S (21mm)	S (21mm)	S (20mm)	S (23mm)	
SAL42	S (22mm)	S (20mm)	S (26mm)	S (19mm)	S (23mm)	S (22mm)	S (18mm)	S (22mm)	S (20mm)	S (22mm)	S (22mm)	
SAL43	S (18mm)	S (21mm)	S (20mm)	S (15mm)	S (24mm)	S (17mm)	S (19mm)	S (19mm)	S (17mm)	S (19mm)	S (25mm)	
SAL44	S (22mm)	S (25mm)	S (26mm)	S (19mm)	S (21mm)	S (19mm)	S (20mm)	S (23mm)	S (19mm)	S (21mm)	S (20mm)	
SAL45	S (24mm)	S (21mm)	S (24mm)	S (18mm)	S (24mm)	S (21mm)	S (21mm)	S (27mm)	S (21mm)	S (24mm)	S (22mm)	
SAL46	S (17mm)	S (22mm)	S (19mm)	S (16mm)	S (25mm)	S (17mm)	S (18mm)	S (23mm)	S (22mm)	S (20mm)	S (26mm)	
SAL47	S (20mm)	S (26mm)	S (17mm)	S (15mm)	S (26mm)	S (23mm)	S (16mm)	S (27mm)	S (18mm)	S (27mm)	S (27mm)	
SAL48	R (13mm)	R (11mm)	R (13mm)	R (11mm)	S (21mm)	S (19mm)	R (11mm)	R (13mm)	S (25mm)	S (23mm)	M (18mm)	✓
SAL49	S (21mm)	S (20mm)	S (20mm)	S (19mm)	S (25mm)	S (16mm)	S (17mm)	S (20mm)	S (16mm)	S (23mm)	S (25mm)	
SAL50	S (22mm)	S (23mm)	S (19mm)	S (22mm)	S (24mm)	S (19mm)	S (21mm)	S (25mm)	S (19mm)	S (25mm)	S (25mm)	

Strain No.	Ampicillin 30(µg)/disc	Amikacin 30(µg)/disc	Amoxicillin 25(µg)/disc	Chloramphenicol 25(µg)/disc	Ciproflaxacin 30(µg)/disc	Co-trimaxazole 25(µg)/disc	Gentamicin 30(µg)/disc	Nalidixic acid 30(µg)/disc	Oflaxacin 30(µg)/disc	Rifampicin 30(µg)/disc	Tetracycline 10(µg)/disc	Multi Drug Resistant
SAL51	S (17mm)	S (17mm)	S (27mm)	S (17mm)	S (22mm)	S (17mm)	S (27mm)	S (21mm)	S (21mm)	S (21mm)	S (23mm)	
SAL52	S (22mm)	S (20mm)	S (17mm)	S (19mm)	S (21mm)	S (21mm)	S (18mm)	S (22mm)	S (20mm)	S (22mm)	S (20mm)	
SAL53	S (20mm)	S (22mm)	S (19mm)	S (20mm)	S (24mm)	S (18mm)	S (25mm)	S (19mm)	S (17mm)	S (24mm)	S (19mm)	
SAL54	S (19mm)	S (25mm)	S (20mm)	S (19mm)	S (27mm)	S (19mm)	S (19mm)	S (25mm)	S (18mm)	S (25mm)	S (21mm)	
SAL55	S (26mm)	S (20mm)	S (24mm)	S (18mm)	S (25mm)	S (16mm)	S (21mm)	S (25mm)	S (19mm)	S (27mm)	S (25mm)	
SAL56	R (13mm)	R (11mm)	R (11mm)	R (11mm)	S (23mm)	S (17mm)	M (12mm)	R (13mm)	S (22mm)	S (20mm)	S (25mm)	✓
SAL57	S (24mm)	S (20mm)	S (19mm)	S (15mm)	S (26mm)	S (23mm)	S (16mm)	S (27mm)	S (18mm)	S (25mm)	S (26mm)	
SAL58	S (22mm)	S (17mm)	S (20mm)	S (21mm)	S (21mm)	S (19mm)	S (20mm)	S (24mm)	S (16mm)	S (22mm)	S (21mm)	
SAL59	S (17mm)	S (20mm)	S (26mm)	S (19mm)	S (22mm)	S (19mm)	S (18mm)	S (24mm)	S (16mm)	S (24mm)	S (28mm)	
SAL60	S (27mm)	S (22mm)	S (19mm)	S (22mm)	S (21mm)	S (20mm)	S (22mm)	S (21mm)	S (19mm)	S (20mm)	S (23mm)	

Strain No.	**Ampicillin 30(µg)/disc**	**Amikacin 30(µg)/disc**	**Amoxicillin 25(µg)/disc**	**Chloramphenicol 25(µg)/disc**	**Ciproflaxacin 30(µg)/disc**	**Co-trimaxazole 25(µg)/disc**	**Gentamicin 30(µg)/disc**	**Nalidixic acid 30(µg)/disc**	**Oflaxacin 30(µg)/disc**	**Rifampicin 30(µg)/disc**	**Tetracycline 10(µg)/disc**	**Multi Drug Resistant**
SAL61	S (24mm)	S (19mm)	S (18mm)	S (17mm)	S (22mm)	S (22mm)	S (23mm)	S (26mm)	S (19mm)	S (20mm)	S (22mm)	
SAL62	S (20mm)	S (22mm)	S (20mm)	S (19mm)	S (21mm)	S (21mm)	S (18mm)	S (22mm)	S (20mm)	S (22mm)	S (20mm)	
SAL63	S (19mm)	S (20mm)	S (26mm)	S (15mm)	S (24mm)	S (19mm)	S (21mm)	S (25mm)	S (18mm)	S (19mm)	S (22mm)	
SAL64	S (17mm)	S (23mm)	S (21mm)	S (19mm)	S (25mm)	S (16mm)	S (19mm)	S (21mm)	S (17mm)	S (25mm)	S (24mm)	
SAL65	S (22mm)	S (20mm)	S (24mm)	S (18mm)	S (23mm)	S (19mm)	S (20mm)	S (23mm)	S (19mm)	S (20mm)	S (25mm)	
SAL66	R (12mm)	R (14mm)	R (11mm)	R (12mm)	M (17mm)	R (22mm)	R (12mm)	M (15mm)	S (24mm)	S (25mm)	S (22mm)	✓
SAL67	S (22mm)	S (20mm)	S (23mm)	S (15mm)	S (24mm)	S (24mm)	S (19mm)	S (24mm)	S (18mm)	S (20mm)	S (23mm)	
SAL68	S (20mm)	S (21mm)	S (20mm)	S (21mm)	S (21mm)	S (18mm)	S (17mm)	S (22mm)	S (16mm)	S (20mm)	S (19mm)	
SAL69	S (22mm)	S (26mm)	S (26mm)	S (19mm)	S (25mm)	S (16mm)	S (16mm)	S (20mm)	S (23mm)	S (24mm)	S (19mm)	
SAL70	S (26mm)	S (20mm)	S (22mm)	S (22mm)	S (26mm)	S (17mm)	S (18mm)	S (22mm)	S (19mm)	S (22mm)	S (27mm)	

Strain No.	**Ampicillin 30(µg)/disc**	**Amikacin 30(µg)/disc**	**Amoxicillin 25(µg)/disc**	**Chloramphenic ol 25(µg)/disc**	**Ciproflaxacin 30(µg)/disc**	**Co-trimaxazole 25(µg)/disc**	**Gentamicin 30(µg)/disc**	**Nalidixic acid 30(µg)/disc**	**Oflaxacin 30(µg)/disc**	**Rifampicin 30(µg)/disc**	**Tetracycline 10(µg)/disc**	**Multi Drug Resistant**
SAL71	S (27mm)	S (19mm)	S (19mm)	S (17mm)	S (23mm)	S (26mm)	S (21mm)	S (20mm)	S (16mm)	S (21mm)	S (23mm)	
SAL72	S (22mm)	S (20mm)	S (22mm)	S (19mm)	S (21mm)	S (21mm)	S (18mm)	S (22mm)	S (21mm)	S (22mm)	S (20mm)	
SAL73	S (25mm)	S (22mm)	S (20mm)	S (15mm)	S (24mm)	S (19mm)	S (23mm)	S (28mm)	S (18mm)	S (20mm)	S (23mm)	
SAL74	S (24mm)	S (19mm)	S (25mm)	S (19mm)	S (25mm)	S (18mm)	S (19mm)	S (21mm)	S (17mm)	S (19mm)	S (21mm)	
SAL75	S (21mm)	S (23mm)	S (26mm)	S (18mm)	S (23mm)	S (20mm)	S (16mm)	S (23mm)	S (19mm)	S (25mm)	S (25mm)	
SAL76	R (12mm)	R (14mm)	R (11mm)	R (12mm)	S (24mm)	S (17mm)	R (12mm)	S (22mm)	S (25mm)	M (18mm)	R (14mm)	✓
SAL77	S (20mm)	S (24mm)	S (20mm)	S (15mm)	S (21mm)	S (27mm)	S (21mm)	S (24mm)	S (22mm)	S (25mm)	S (23mm)	
SAL78	R (13mm)	R (11mm)	R (13mm)	R (11mm)	S (21mm)	S (19mm)	S (18mm)	R (13mm)	S (16mm)	S (19mm)	M (17mm)	✓
SAL79	S (24mm)	S (20mm)	S (23mm)	S (19mm)	S (25mm)	S (16mm)	S (19mm)	S (22mm)	S (22mm)	S (22mm)	S (20mm)	
SAL80	S (22mm)	S (26mm)	S (20mm)	S (22mm)	S (23mm)	S (16mm)	S (21mm)	S (25mm)	S (19mm)	S (23mm)	S (27mm)	

Strain No.	Ampicillin 30(µg)/disc	Amikacin 30(µg)/disc	Amoxicillin 25(µg)/disc	Chloramphenicol 25(µg)/disc	Ciproflaxacin 30(µg)/disc	Co-trimaxazole 25(µg)/disc	Gentamicin 30(µg)/disc	Nalidixic acid 30(µg)/disc	Oflaxacin 30(µg)/disc	Rifampicin 30(µg)/disc	Tetracycline 10(µg)/disc	Multi Drug Resistant
SAL81	S (22mm)	S (26mm)	S (19mm)	S (17mm)	S (24mm)	S (19mm)	S (24mm)	S (19mm)	S (17mm)	S (21mm)	S (27mm)	
SAL82	S (18mm)	S (20mm)	S (22mm)	S (19mm)	S (21mm)	S (25mm)	S (18mm)	S (22mm)	S (21mm)	S (23mm)	S (22mm)	
SAL83	S (26mm)	S (22mm)	S (20mm)	S (15mm)	S (22mm)	S (17mm)	S (19mm)	S (26mm)	S (17mm)	S (22mm)	S (21mm)	
SAL84	S (25mm)	S (17mm)	S (25mm)	S (19mm)	S (25mm)	S (18mm)	S (21mm)	S (23mm)	S (17mm)	S (25mm)	S (21mm)	
SAL85	S (22mm)	S (25mm)	S (23mm)	S (18mm)	S (25mm)	S (19mm)	S (16mm)	S (20mm)	S (20mm)	S (26mm)	S (27mm)	
SAL86	S (22mm)	S (24mm)	S (20mm)	S (16mm)	S (24mm)	S (22mm)	S (18mm)	S (26mm)	S (22mm)	S (27mm)	S (20mm)	
SAL87	R (13mm)	R (11mm)	R (11mm)	R (12mm)	M (19mm)	M (15mm)	R (12mm)	R (12mm)	S (18mm)	S (22mm)	S (25mm)	✓

Placa 2. Melhor antibiograma de identificação de *S. typhi*

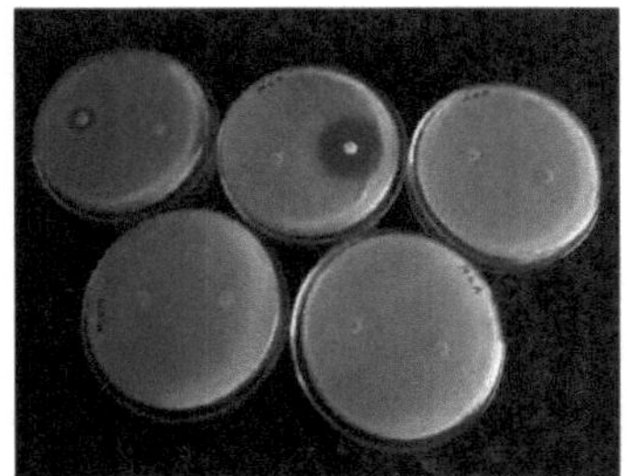

Tabela 7. Antibiograma das melhores estirpes de *S.typhi* MDR

S.N.	Tipos de antibióticos	Concentração (µg)Zdisc	Zona de inibição (mm)	Resultado
1	Ampicilina	30	11	R
2	Amicacina	30	10	R
3	Amoxicilina	25	10	R
4	Cloranfenicol	25	12	R
5	Ciproflaxacina	30	20	S
6	Co-Trimaxazol	25	16	S

7	Gentamicina	30	11	R
8	Ácido nalidíxico	30	12	R
9	Ofloxacina	30	18	S
10	Rifampicina	30	11	R
11	Tetraciclina	10	9	R

Tratamento multidroga (MDT) de *S. typhi* MDR.

As estirpes multirresistentes foram submetidas a um tratamento com múltiplos fármacos, que revelou uma suscetibilidade proeminente a todas as combinações de antibióticos. Foi registada uma grande zona de inibição na ofloaxacina, ampicilina, co-trimaxazol e gentamicina a uma concentração de 115 μg (75 mm), a mais baixa foi registada na amoxicilina, tetraciclina e ácido nalidíxico a uma concentração de 65 μg (31 mm) (quadro 8). Embora atualmente o campo medicinal pratique a PQT, esta pode provocar muitos efeitos secundários. Assim, este tipo de tratamento pode não ser preferível não só para a *S.typhi*, mas também para todos os microrganismos patogénicos humanos.

A frequência do índice de resistência a múltiplos antibióticos (MAR) e o padrão de resistência de *S.typhi* isolado de várias amostras são apresentados na Tabela 9. A frequência do índice MAR das estirpes testadas foi superior a 0,25 em cerca de 31,52% das estirpes que apresentaram valores de frequência do índice MAR entre 0,41% e 0,50, seguidas de 26,08%, 13,04%, 11,95% e 10,86% de estirpes com valores do índice MAR de 0,51 - 0,60, 0,61 - 0,70, 0,31 - 0,40 e 0,20 - 0,30, respetivamente. As outras frequências do índice MAR foram representadas numa percentagem muito baixa, inferior a 6% das estirpes. Os dados foram apresentados na tabela 9.

Quadro 8. Tratamento multidroga de *S. typhi* MDR

S.N.	Tipos de antibióticos	Concentração (μg)/disc	Zona de inibição (mm)	Resultado

1	Ofloaxacina, Ampicilina, Co- Trimaxazol, Gentamicina	115	65	S
2	Ciproflaxacina Amicacina Cloranfenicol Rifampicina	115	57	S
3	Amoxicilina Tetraciclina Ácido nalidíxico	65	31	S

Tabela 9. Percentagem de *S.typhi* isolada de várias amostras com diferentes frequências MAR

S. Não	**Valor MAR**	**Número total de isolados (n=87)**	**Percentagem**
1	0.1 - 0.2	-	-
2	0.2 - 0.3	10	10.86
3	0.31 - 0.4	11	11.95
4	0.41 - 0.5	29	31.52
5	0.51 - 0.6	24	26.08
6	0.61 - 0.7	12	13.04
7	0.71 - 0.8	5	5.43
8	0.81 - 0.9	-	-
9	0.91 - 1.0	1	1.08

Tabela 10. Percentagem de estirpes de *S.typhi* resistentes a antibióticos

Antibiótico	Percentagem de resistência										Total (n=87)	
	maio de 2011 (n=19)		Ago 2011 (n=26)		outubro de 2011 (n=11)		Dez 2011 (n=14)		maio de 2012 (n=17)			
	N.º de	% de	N.º de	% de	N.º de	% de	N.º de	% de	N.º de	% de	N.º de	% de

	isolados resistentes	resistência	isolados resistentes	resistência t	isolados resistentes	resistência t	isolados resistentes	resistência t	isolados resistentes	resistência t	isolados resistentes	resistência
Ampicilina	8	42	12	46	11	100	10	71	12	70	53	60
Amicacina	17	89	21	80	8	72	14	100	15	88	75	86
Amoxicilina	19	100	16	61	10	90	10	71	17	100	72	82
Cloranfenicol	17	89	18	69	9	81	9	64	14	82	67	77
Ciproflaxacina	17	89	26	100	7	63	11	78	17	100	78	89
Co-Trimaxazol	7	36	11	42	9	81	10	71	11	64	48	55
Gentamicina	4	21	10	38	5	45	14	100	6	35	39	41
Ácido nalidíxico	4	21	9	34	1	9	12	85	10	58	36	41
Ofloxacina	0	0	2	7	1	9	3	21	3	17	9	10
Rifampicina	6	31	21	80	3	27	12	85	5	29	47	54
Tetraciclina	19	100	22	84	10	90	14	100	17	100	82	94

Entre os 87 isolados, 19 isolados, obtidos em maio de 2011, exibiram uma forte resistência aos antibióticos. Todas as estirpes expostas à tetraciclina e à amoxicilina mostraram resistência (100%), enquanto foi encontrada uma resistência de 89% à amicacina, ao cloranfenicol e à ciprofloxacina, respetivamente. As percentagens mais baixas de estirpes eram de 0% de resistência à ofloxacina (Tabela 10). No mês de agosto de 2011, foi isolado um total de 26 estirpes de *S.typhi* e submetido a antibiograma. A percentagem de resistência à ampicilina foi de 100%, à amicacina e à rifampicina foi de 80%, respetivamente. De um modo geral, durante todo o período de estudo, todas as *S. typhi* isoladas de amostras de resíduos de aves de capoeira apresentaram menos de 50% de resistência, que foi encontrada contra alguns antibióticos. No mês de outubro de 2011, foi isolado um total de 11 estirpes de *S.typhi* e submetido ao estudo do antibiograma.

A percentagem de resistência à ciproflaxacina foi de 100% e à amoxicilina e à tetraciclina foi de 90%, respetivamente. De um modo geral, durante todo o período de estudo, todas as estirpes de *S. typhi* isoladas de amostras de resíduos de aves de capoeira apresentaram menos de 10% de resistência, que foi encontrada contra o ácido nalidíxico e a ofloxacina. Durante os meses de dezembro de 2008 e maio de 2012, foi isolado um total de 31 estirpes de *S. typhi* e submetido a antibiograma. A percentagem de resistência contra a amicacina, a gentamicina, a ciproflaxacina e a tetraciclina foi de 100%, respetivamente. No geral, todas as estirpes de *S. typhi* apresentaram menos de 50% de resistência, que foi encontrada contra a ofloxacina, a gentamicina, a ofloxacina e a rifampicina.

Capítulo - III

Um estudo-piloto sobre a identificação do ADN plasmídico e da proteína Pho P/Q a partir do teor total de proteínas nucleares de *Salmonella typhi*

Isolamento de ADN plasmídico de *S.typhi* MDR

Os plasmídeos podem transportar genes funcionais que conferem resistência a antibióticos naturais num nicho ambiental competitivo ou, em alternativa, as proteínas ligadas à membrana em espécies bacterianas produzidas podem atuar como toxinas e/ou compostos bioactivos em condições semelhantes. No presente estudo, o ADN plasmídico foi isolado de *S. typhi* MDR pelo método de preparação midi de lise alcalina, que mostrou bandas claras em gel de agarose a 1%. Foi observada uma única banda sob iluminação UV e a mesma estava localizada entre 3530 pb e 4268 pb (Figura 3).

Os resultados mostraram que foram detectados CCC-DNAs de peso molecular mais baixo em todas as estirpes, mas havia uma semelhança entre todas as estirpes no seu perfil. Uma banda comum proeminente entre 4,268 e 3,530 kb de peso molecular de ADN plasmídico foi registada na primeira posição (Figura 3).

Análise de extractos de proteínas nucleares totais de estirpes de *Salmonella* MDR pelo método SDS-PAGE

O padrão proteico é uma técnica amplamente utilizada para a identificação e diferenciação entre os isolados de estirpes bacterianas através do método SDS-PAGE. A diferença no padrão de bandas entre isolados fornece uma boa medida da alteração das funções dos genes, especialmente dos genes que codificam proteínas e da ação diferencial dos genes, de modo a atingir proporções específicas de proteínas. O perfil de expressão proteica pode ser ainda mais útil em estudos quimiotaxonómicos, bem como no padrão de patogenicidade, especialmente no caso dos microrganismos.

Cerca de 20μg de extractos totais de proteínas nucleares foram obtidos a partir de

MDR *S. typhi e* carregados num gel SDS PAGE. O gel foi corrido a 50 volts durante 3 horas e corado com nitrato de prata devido à deteção de proteínas de menor peso molecular da MDR *S. typhi*. Os resultados indicaram que foram observadas várias bandas de proteínas nas gamas de 10-116 KDa. A partir daí, a proteína PhoP/PhoQ foi encontrada entre os intervalos de 25-60 KDa. Esta gama foi cuidadosamente cortada do gel em que a proteína PhoP/PhoQ foi eluída para estudos de confirmação adicionais (Figura 4). Foi registado um total de 12 bandas de proteínas comuns.

Electoforese em gel de poliacrilamida SDS para a proteína PhoP/PhoQ de uma estirpe de *Salmonella* MDR

A partir da proteína quantificada, 10, 20 e 30 μg de proteínas de ligação ao ADN PhoP/PhoQ foram carregadas num gel de poliacrilamida SDS. O gel foi colocado a 50 volts durante 3 horas e corado com nitrato de prata. Os resultados mostraram a existência de duas bandas claras de proteínas PhoP/PhoQ, que foram confirmadas entre as gamas de 25-60 KDa (Figura 5, pistas 2,3 e 4). Os resultados revelaram ainda que as proteínas PhoP/PhoQ são mais proeminentes e estão estreitamente relacionadas.

Figura 3. Perfil do ADN plasmídico de *S. typhi* MDR

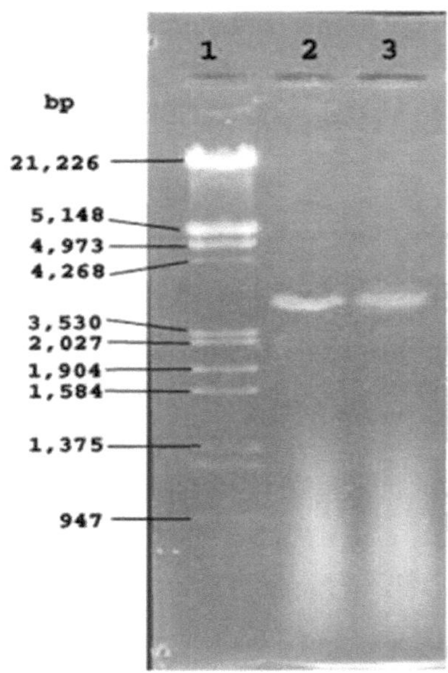

Lane 1. Marker
Lane 2 & 3. Plasmid DNA

Figura 4. SDS-PAGE do perfil proteico nuclear total de MDR S. typhi

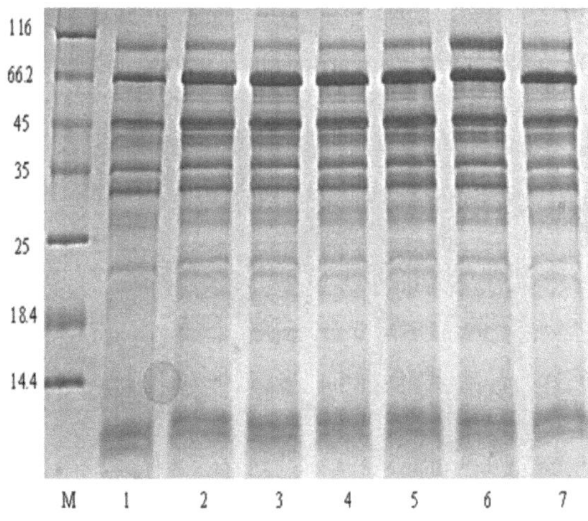

Figura 5. SDS-PAGE do perfil proteico phoP/Q de *S. typhi* MDR

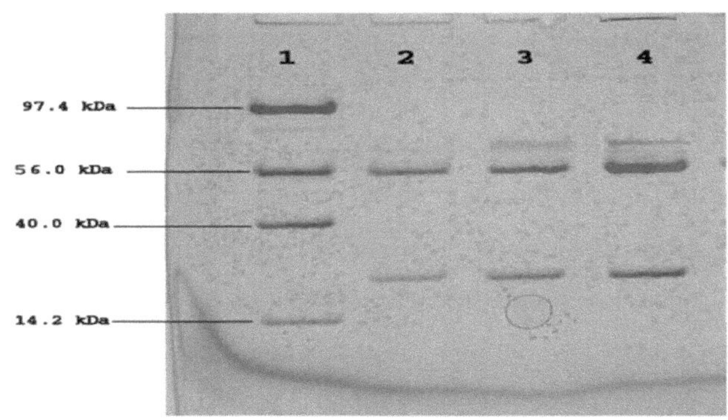

Lane 1 - Molecular Weight Markers

Lane 2 - 4 - 10, 20 and 30 µg of phop/q DNA binding proteins

Capítulo - IV

Expressão do padrão de proteínas entre a proteína PhoP/Q selvagem e recombinante em *Salmonella typhi.*

Ensaio de mobilidade em gel das proteínas PhoP/PhoQ de *S. typhi* MDR

Quando o ADN interagiu com as proteínas PhoP/PhoQ, o complexo migrou mais lentamente do que o ADN livre. O desvio máximo na mobilidade do ADN foi observado a 3,0 µl de proteína de ligação do ADN. Foi observado nas linhas 7 e 8 apresentadas na figura 6, enquanto se observou uma ligeira deslocação a 0,5, 1,0, 1,5, 2,0 e 2,5 µl de proteínas de ligação ao ADN PhoP/PhoQ observada no método de ensaio de deslocação da mobilidade do gel (GMSA).

Modificação química das proteínas PhoP/PhoQ do extrato nuclear de *S. typhi* MDR

Para confirmar a capacidade de ligação ao ADN das proteínas PhoP/PhoQ isoladas da *Salmonella* MDR, estas foram tratadas com diferentes concentrações de DEPC, como 0,5, 1,0 e 1,5 mM. As proteínas de ligação ao ADN PhoP/PhoQ foram modificadas com DEPC e submetidas ao método GMSA. A histidina presente nas proteínas de ligação ao ADN PhoP/PhoQ foi modificada quando exposta ao DEPC (uma vez que este é o modificador específico da histidina). A partir da figura, a pista 3 a 0,5 mM de concentração de DEPC, não houve modificação na histidina, porque a proteína PhoP/PhoQ interage com o ADN e resultou no desvio da mobilidade. A concentração mínima de DEPC necessária para modificar as histidinas presentes nas proteínas de ligação ao ADN PhoP/PhoQ foi de 1 mM

Figura 6. Ensaio de mobilidade em gel das proteínas PhoP/PhoQ selvagens

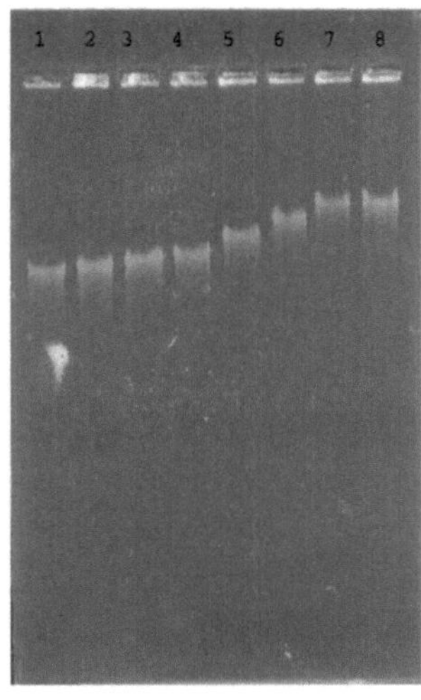

Lane 1 - Free Plasmid DNA

Lane 2-6 - DNA complexed with 0.5, 1.0, 1.5, 2.0, and 2.5 µl of DNA binding protein

Lane 7 & 8 - DNA complexed with 3.0 µl of DNA binding protein

Figura 7. Ensaio de mobilidade em gel das proteínas PhoP/PhoQ modificadas

Fig 11: Gel Mobility Shift Assay of modified phop/q Protein

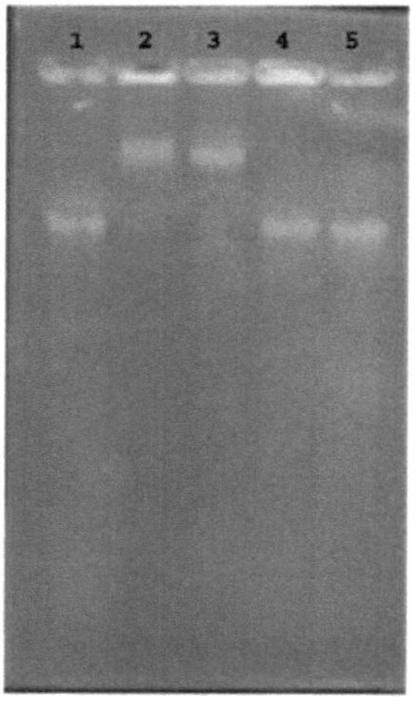

Lane 1. Free Plasmid DNA
Lane 2. DNA complexed with Protein
Lane 3. DNA-Protein modified with 0.5mM DEPC
Lane 4. DNA-Protein modified with 1mM DEPC
Lane 5. DNA-Protein modified with 1.5mM DEPC

Significado da expressão das proteínas Pho P/Q adaptadas e não adaptadas de *Salmonella typhi*

Recuperação da informação genética de *S. .typhi a* partir do NCBI

Número T	T00121
Código orgânico	Stt
Pseudónimos	S._Ty2, SALTI, 209261
Nome completo	Salmonella enterica subsp. enterica serovar Ty2

Definição	Salmonella enterica subsp. enterica serovar Ty2
Anotação	Manual
Taxonomia	IMPOSTO: 209261
Linhagem	Bactérias; Proteobactérias; Gammaproteobactérias; Enterobacteriales; Enterobacteriaceae; Salmonella; Salmonella enterica subsp. enterica serovar
Fonte de dados	RefSeq (Projeto:57973)
Original DB	Wisconsin
Palavras-chave	Agente patogénico humano
Doença	H00111 Febre tifoide
Comentário	Isolado antes do aparecimento da resistência aos medicamentos na década de 1970.
Cromossoma	Circular
Sequência	RS: NC 004631
Comprimento	4791961
Estatísticas	Número de nucleótidos : 4791961 Número de protectores : ~314 Número de genes de ARN: 109
Referência	PMID: 12644504
Autores	Deng W, et al.
Título	Genómica comparativa das estirpes Ty2 e CT18 de Salmonella enterica serovar.
Jornal	J Bacteriol 185:2330-7 (2003)

Informações sobre o PhoP

Entrada	t1689CDS S. Ty2
Nome do gene	foto
Definição	Regulador transcricional de ligação ao ADN PhoP
Motivo	Pfam: Registo de resposta Registo de transição C FleQ PROSITE:

	RESPOSTA REGULAMENTAR
Posição	1752335..1753009
AA seq	224 aa
	MMRVLVVEDNALLRHHLKVQLQDSGHQVDAAED AREADYYLNEHLPDIAIVDLGLPDEDGLSLIRRWRS SDVSLPVLVLTAREGWQDKVEVLSSGADDYVTKP FHIEEVMARMQALMRRNSGLASQVINISPFQVDLS RRELSVNEEVIKLTAFEYTIMETLIRNNGKVVSKDS LMLQLYPDAELRESHTIDVLMGRLRKKIQAQYPHD VITTVRGQGYLFELR
NT seq	675 nt atgatgcgcgtactggttgtagaggataatgcattattacgccaccacctgaagg ttcagctccaggattcaggtcaccaggtcgatgccgcagaagatgccagggaa gctgattactacctaccttaatgaaccttccggatcgctattgtcgatttaggtctgc Cggatgaagacggcctttccttaatacgccgctggcgcagcagtgatgtttcact gccggttctggtgttaaccgcgcgcggaaggctggcaggataaagtcgaggttc tct cagctccggggccgatgactacgtgacgaagccattccacatcgaagaggtaa tggcgcgtatgcaggcgttaatgcgccgtaatagcggtctggcctcccaggtga tcaacatctcgcctttccaggtggatctcacgccgggaattatccgtcaatgaa gaggtcatcaaactcacggcgttcgaatacaccattatggaaacgcttatccgta acaacggtaaagtggtcagcaaagattctctctgatgcttcagctgtatccggatg c ggaactgcgggaaagtcataccattgatgttctcatggggcgtctgcggaaaaaa aatacaggcccagtatccgcacgatgtcattaccgtacgcggacaaggata tctttttgaattgcgctaa

Informações sobre a PhoQ

Entrada	t1690CDS S. Ty2
Nome do gene	phoQ
Definição	proteína sensora PhoQ
Posição	1753009..1754472
AA seq	487 aa MNKFARHFLPLSLRVRFLLATAGVVLVLSLAYGIV ALVGYSVSFDKTTFRLLRGESNLFYTLAKWENNKI SVELPENLDMQSPTMTLIYDETGKLLWTQRNIPWL IKSIQPEWLKTNGFHEIETNVDATSTLLSEDHSAQE

	KLKEVREDDDDAEMTHSVAVNIYPATTRMPQLTI VVVDTIPIELKRSYMVWSWFVYVLAANLLLVIPLL WIAAWWSLRPIEALAREVRELEDHHREMLNPETT RELTSLVRNLNQLLKSERERYNKYRTTLTDLTHSL KTPLAVLQSTLRSLRNEKMSVSKAEPVMLEQISRIS QQIGYYLHRASMRGSGVLLSRELHPVAPLLDNLIS ALNKVYQRKGVNISMDISPEISFVGEQNDFVEVMG NVLDNACKYCLEFVEISARQTDDHLHIFVEDDGPG IPHSKRSLVFDRGQRADTLRPGQGVGLAVAREITE QYAGQIIASDSLLGGARMEVVFGRQHPTQKEE
NT seq	1464 nt atgaataaatttgctcgccattttctgccgctgctgtcgctgcgggtttttgctgg Cgacagccggcgtcgtgctggtggtgctctctctctctggcatatggcatagtg gcgctgg tcggctatagcgtaagttttgataaaaccacgtttcgtctgctgctgctgcggcga aag caacctgtttttataccctcgccaaatgggaaaataaaatcagcgttgagctg
	Cctgaaaatctggacatgcaaagcccgaccatgacgctgatttacgatgaaac gggcaaattattatggacgcagcgcaacatcccctggctgattaaaagcattca accggaatggttaaaaacgaacggcttccatgaaattgaaaccaacgtagacg ccaccagcacgctgttgagcgaggaccattccgcgcaggaaaaactcaaaga agtacgtgaagatgacgatgatgcggagatgacccactcggtagcggtaaata tttatcctgccacgacgcggatgccgcagttaaccatcgtggtggtcgataccat tccgatagagctaaaacgctcctatatggtgtgggggggggttcgtatacgtgctg gccgccaatttactgttagtcattcctttctgtggatcgccgcctggtggagctta cgccctatcgaggcctggcgggaagtccgcgaacttgaagatcatcacc gcgaaatgctcaatccggagacgacgcgtggagctgaccagccttgtgcgcaa ccttaatcaactgctcaaaagcgagcgcgaacgttataacaaataccgcacga ccctaaccgacctgacgcacagtttaaaacgccgctcgcggttgcagagta cgttacgctctttacgcaacgaaaagatgagcgtcagcaaagctgaaccggtg atgctggaacagatcagtcggattatttcccagcagatcggctattatctgcatcg cg ccagtatgcgcggtagcggcgtgttgtgttaagccgcgaactgcatcccgtcgg g ccgttgttagataacctgatctccgcgctcaataaagtttatcagcgtaaaggggt gaatatcagtatggatatttcaccagagatcagttgtcggcgagcaaaacgac tttgtcgaagtaatgggcaacgtactggacaacgcttgtaaatattgtctggagtt tgtcgagatttcggctcgccagaccgacgatcatttgcatattttcgtcgaagatg acggcccaggcataccccacagcaaacgttccctggtgtttgtgatcgcggtca g cgcgccgataccctacgaccaggacaaggcgtggggctggctgtcgcgcgc

	gagattacggaacaatacgccgggcagatcattgccagcgacagtctgctcgg tggcgcccgtatggaggtcgtttttggccgacagcatcccacacagaaagaga gg aataa

Informação sobre o gene de virulência

Entrada	t0620CDS S. Ty2
Definição	**proteína de virulência MsgA-like proteína Teórica pI/Mw: 5.28 / 25623.30**
Posição	complement(702544..702747)
AA seq	67aa MPTIKKLADARDVILHELILHELIGHLSCAVVTVKS MQATNVNHVCTKTEKAHLHPILEKMFAVAGK
NT seq	204 nt atgcctacaattaaaaagttagctgatgccagagacgtttttgcatgaactgatt ttgcatgaactgattggacatctttcctgtgcagtggtcacagtaaagtcaatgca ggcaactaacgtaaaccatgtttgtactaaaacagaaaaagcgcatctaccc tatactggaaaaaatgtttgcagtggcaggtaaatga
Entrada	t1113CDS S. Ty2
Nome do gene	**msgA**
Definição	proteína de virulência **PI/Mw teórico: 5.18 / 9304.76**
Posição	complement(1196617..1196856)
AA seq	79 aa MFVELVYDKRNVEGLPSAREIILNELTKRVHQL FPDAQVKVKPMQANALNSDCTKTEKERLHRML EEMFEEADMWLVAE
NT seq	240 nt atgttcgtcgaactcgtttatgacaagcgaaatgttgaaggtttgccaagcgc acgcgaaatcatcctcaatgaactcacaaaacgcgtacatcaactttttcccg

	atgcgcaagtgaaagttaagccaatgcaggcgaacgcattaaacagtgact gtacaaaaaccgagaaagaacggctgcaccgtatgctggaagagatgttt gaaggctgatatgtggctggtcgccgaataa
Entrada	t1116CDS S. Ty2
Nome do gene	**pagD**
Definição	proteína de virulência da membrana externa **Teórica pI/Mw: 9.44 / 9745.10**
Posição	complement(1198330..1198593)
AA seq	87 aa MKHHAFMLWSLLIFSFHVLASSDHCSGLQQAS WEIFIYDFGSKTPQPPTNTDKKQARQISSPSCPT AKPMMSAPTNDARKGNTFSRT
NT seq	264 nt atgaaacatcatgcttttatgctttggtcattacttatttttcattccatgttgg Ccagttcagaccattgttctggtttacaacaggcatcatgggaaatttttatct acgattttggtagtaaaaccccgcaaccacctacaaataccgataaaaag caagccaggcagattagttcaccatcctgcccgacggcaaaacccatga tgtccgcaccaaccaacgacgccaggaaagggaatactttctccagaac ataa
Entrada	t1503CDS S. Ty2
Nome do gene	**srfA**
Definição	Proteína efectora de virulência **PI/Mw teórico: 5.96 / 43022.40**
Posição	1555515..1556714
AA seq	399 aa MVDCLAIPQLNDNGDRVDWYSPIEGQAIAWK

	AADEETRSRALRYLASTFESAAALSRKSLQSG KTALQLFGSLLEKATQFPGENHVFLVNGKPVI TFWGFVNLNENTRDDVLDCLRVTEAISDIPLV EPEPQPEEKPLVEAAFSQADEPLLTSVIEPPKM PEEPAAPPVIVSEPKPAAPIPVAEAKRARRLPL WSLPVAAVVIAAVATPFFWPSSSVDGASPVR TAPVATAKTDVTPMPELTAHLPLHRAEVTSA PKAAPLPEAPVIIAAIPKDALVMDNTQMKLGT TRFLNGSWRVSVDVKDPITGKPPSLRYQIQNN KGIARVVHGDNVVCRAEIFSGLHQTGELMIKS RGNARCTDGSRYPMPEITCKAGVNDVATCTA RYGDHAAIPLTFKKIGA
NT seq	1200 nt atggttgactgtctggcgattccgcaacttaacgataatggcgatcgggt tgactggtattcgccgattgaaggtcaggcgatagcgtggaaagcggct gacgaagacacgttctcgggctttacgttattatttagccagcacttttgaa agcgcggctgcactcagtcgcaaaagtctgcaatccggtaaaacagcg Ctccagctatttggttcgctacttgagaaggcgacgcaatttcccggcga
	aaatcatgttttcctggttaacggcaaaccggttatcaccttctgggggat tc gttaatctcaacgaaaatacgcgatgatgtgctggactgcctgcggg taaccgaggcgatctccgacatccctctggtcgagccggagccgcagc Ccgaagaaaagccgctggtaggcggcgtttagtcaggcggatgaa Cctttgttaacgtctgtcattgagccgccgaaaatgccggaggaacctgc tgcgccgcccgttatcgttagcggagccgaagcctgcccacctatccc ggttgctgaggcgaaaagagctcgccgtctaccgctgtggagcttacct gtcgctgccgtggttatcgccgccgtcgccacgccttttctggggccatct tcatccgttgacggggcctctcctgttcgcaccgcgctgtcgctaccgc

	gaaaactgatgttaccccaatgcctgaactcaccgcgcatttgccgctgc atcgcgctgaggtgacgtccgccccccaaagcggcgccgctgccgg aa gcgcctgttatcattgccgctatccccaaagacgcgctggtgatggaca atacgcagatgaagcttggaaccacgcgctttttaaacggtagctggcg ggtcagcgtggatgtcaaagatccgattaccggcaagccgccctctcg cgttatcagatccaaaataacaaaggcatcgcgcgcgcgcgtagtacat ggcg ataacgtggtttgtcgggcggaaattttctctctggtctgcatcaaacggg c gagctgatgattaaaagtcgcggcaatgcgcctgaccgacggttca cgttatccgatgccggaaattacctgtaaagcaggcgtcaatgacgtcg caacctgtaccgcccgttatggcgaccacgcggcaattccgttgacgtt aaaaagataggtgcctga
Entrada	t1504CDS S. Ty2
Nome do gene	srfB
Definição	Proteína efectora de virulência PI/Mw teórico: 5.77 / 110879.19
Posição	1556719..1559700
AA seq	993 aa
	MLVNLCDYKQSVTLIANSGVQFLDFGLTPQESA HYGRFVRKTANGPLLRLDFDLTSGRYTLPGRAG GQPEVVKPESTQTLHYSLDVLDGIWLPLPFLRF NPPRTFIDGPDNWARIQVRKLSEPDSAGNTHRIT LAFDSQLAKNMPAALAPCENDLLNGTRFALAW RDEEVADFLDQTWIDGWLRESFLQYASQVENR PEQAIQQALRSFEYQAHWLNLLTLLGEQLTVPE VKFVTHTLSTPAIPVDLILDVGNTHTCGVLIEDH GDANDGLRQTAELQVRSLSEPQYLNDPLFTSRV

	EFSEARFGKQHFSVESGRDDAFVWPSIVRVGDE ARALAMQRVGTEGSSGISSPRRYLWDETPALQD WRFSQIHGKTQREPLATAFPLMNLMNDDGQPL FRLPHEERLPVFSPQYSRSTLMTHMLCEILAQAL GQINSVATRLRLGFPASPRQLRTLILTLPSAMPK QEREIFRQRMFEALALVWKAMGWHPQDEDFTT PKQREKSVVPVPEIQMEWDEASCGQLVWLYNE AISHYAGRTESFFNALARPDRQPEPGVVPGRAL RVASIDIGGGTTDMAIVHYQLDDGVGANVKITP HLLFREGFKVAGDDLLLDIIQRCVLPSLQTALQR AGVTDAAALLATLFGDSGRIDTQAILRQQTALQ LFMPLGHAVLSAWEQSDINDPFAGLHATFGDLL IRRPTSNVMNYIQQAIDHALPSGSPTFDIFNVPLQ IQFSQLQEALLAGQFTLTTPLHAVCEAISHYHCD ILLVTGRPTCLPGVQALIRHLQPVPVNRIVWMD KYQVHEWYPFSQQGRIGNPKSTAAVGAMLCSL ALDLRLPRFNFKAADIGAYSTVRYLGVLDNTVN TLRDENIWYHEIDLDKPGATLDARLHFPLRGNV
	TLGFRQLANSRWPATPLYCLSINSAELAKTIAGD GVLNVRLKLRGSSKDSAPESFILSDAWLQDGTP VAADALTLKLNTLADRRHSGSHYWIDSGSVYL K
NT seq	2982 nt atgttggtcaatctgtgtgattacaaacagcgtcacgctcattgcaaaca gtggcgtccagtttcttgattttggcttaacgccgcaagtcggcccactac ggacgttttgtgcgcaaaacggcaaacggcccgctactgcctcgatttt gatctgaccagcgggcgctacacgttgccaggacgtgctggcggccaac Ccgaagtcgtgaaaccggaaagcactcagacgctgcactattctctggatg tactcgacgggatctggcttcccctgccgttcctgcgttttaatccgccgcgg

	t acctttattgacgggccggataactgggcgcattcaggtacgtaaactc agcgagccagatagcgccggaaacacaccgcatcaccctcgccttcg acagtcagctggcaaaaaatgcctgcggcgttggcgccttgcgaaaac gatctgctcaatggcacacgttttgcgctcgctggcgatgaagaagttg ccgattttcttgaccagacatggattgacggctggctgcggagtcgtttctt cagtatgcctcacaggtggaaaaccgtccggaacaggccattcaacaagc gctgcgtagttttgagtatcaggcgcactggttgaatttactgacgctgttag gcgaaccttacggtgccggaagtaaagtttgtgacacatacgttaagca cgcccgcaatcccggtcgatctgattctggatgtcggcaatacgcatacctg cggcgtcttgatcgaggatcatggcgatgcgaatgacggcttacgccaga cggcagagcttcaggtgcgttctttaagcgagccgcagtatctgaacgatc ctttatttaccagccgggtggaattctcagaagcgctttggcaagcaaca ctttttgtcgaaagcggacgagacgacgcctttgtctggccttctattgtgtg c gtgtgggcgacgaggctcggcgcccttgctatgcagcgtgtgggcaccga a ggcagcagcggtatctccagcccggccgctacctgtgggatgaaaccc ccgccttgcaggactggcgctttagccagccatccacggtaaaacgcagc gc

	gaaccgcttgccaccgcgtttccgctgatgaatctgatgaacgacgacgga Cagccgttattccgcctgccgcatgaagaaaggctaccggttttcgccgc aatacagccgtagcaccttgatgacgcatatgttgtgcgaaattggctca ggcgctggggcaaattaacagcgtcgccacccggctgcggcggctctttc ccgcctcgccgcgccagctacgtaccctgattttaacgctgccttccgccat gccgaaacaggagcgagaaattttccgccagcgaatgtttgaagcgctgg cgctggtctggaaagccatgggctggcatccgcaggatgaggatttcacc acgcctaagcagcgtgaaaaaagcgtggtgccagtacctgaaatacagat ggaatgggacgaagcaagttgtggccaactggtatggctttataacgaagc catttcgcattacgccgggcgtaccgaatcctttttttaatgcgctggccaga c cggatcgccagcctgaacccggcgtcgtccccggggacgcgttgcgggt ggcatcgattgatatcggcggcggcggcacgggatggcgatcggttcact a tcagttagatgacggcgtgggggccaatgtaaaaattacgcctcatctcctg tttcgcgaaggttttaaagtcgccggggacgatctgctggatatcattca gcgctgcgtactcccttccctgcaaacggcgttgcaacgggcaggcggtta c ggatgccgccgccctgctggcgaccttatttggcgattcgggacgaattga tactcaggccattttgcgccagcaaacggcgctgcaattatttatgccgctg ggccacgcggtactttccgcctgggagcaaagcgacattaacgatccgttt gccggtttacatgcgacatttggcgatctgctgctgatccgccgcccaacga gc aacgtgatgaactatccagcaggcgatcgatcatgccttaccgtctggtt cgccgacatttgatatattcaatgtgccattgcaaatccagtttagccagcttc aggaggctgctggccggtcagtttacgctgctgacaacgccgcttcatgcg g tctgcgaagcgatctcccactatcactgcgatatcttgctggtgacggggag accgacctgtttacctggcgtacaggcgctcatccggcacttacaaccggt gccggttaatcgcattgtgtggatggataagtatcaggtacatgaatggtatc ccttcagtcaacaagggcgtatcggcaatccaaaatccactgccgcggtg

	ggcggatgttatgcagcctggcgctggggacttacgctgccgcgtttcaatt
	ttaaagcggctgatatcggcgcgtattcgactgtgcgttatctcggcgtactg gataataccgttaatacgcttcgcgatgaaaacatctggtatcacgagatcg atttggataaacccggcgcaacgctggacgcacgcctgcattttccgctac gcggcaacgtgacgttgggctttcgtcaacttgcgaacagtcgctggcctg Cgaccccactctattgcctgagcattaattccgccgaactggcgaaaaccat Cgctggcgacggcgtactgaatgtccgactgaaattacgcggcagtagca aagatagcgccccggaatcgttcatattaagtgatgcctggctccaggacg ggacgccgtcccgccgatgcgctgctgacattaaaattgaatacgctggct gaccgccgccacagcggcagcagccactggatagatagcgggagtgtat acctgaaatga

Entrada	t1505CDS S. Ty2
Nome do gene	srfC
Definição	proteína efectora de virulênciaTeórico pI/Mw: 5.98 / 79571.41
Posição	1559697..1561844
AA seq	715 aa MTKPLNATQAVIEWVNNTRRYATRLDDEA DALLAQLTLAAADESALNAACASSHGCVGL YGYAQSAKAHLLTTLCGNENGKLEIITPDRD YDYFSHINPGHAPANMAIRFTRDIFSNESGW PLRLRLISEAELVQIFIAWTSSSPVCRQVEKSII TSRLEKWQSLRQPQPVPGVTAEEVATIASFW RSCLPSARQHIDDATWQHFASLLPALDLTTR AHAWALLWGEQPEITQQWLALAHMLQQTG

	HAGELAAPLSLLVDHFGLPAENFLTQMALT ASDTQSDVVHPVKEGRLLNAVSLSLDSLA LLTRELVLTVENSVLDNVDLLDIPVAPDSHP HPLWRAKLGWMLAHYRQQIQPDVLVICNA LASRSQTSTAARHLLEWVNATQPQHESALP GVVWAITPQDARFATQQNLDEAVQQLMGK PGVHWGTLQALDKHSMQRLVEWLSQATSA PQRQARLQALREQLRGRVRDLLPMCDDARL PVETVIRRLQAQAARHGDLLAGLLPPVQNFE ALLRTRQSREEQVSGLFNDAIDLFADEPTHA SASEGHETGYQAHKMWINHLRQWAHCRDN
	AQRLGLEPQMLNAVAEILITASYRLGLPQQL QKTMQREEVSGAQLHAnGNFIAWLGYANIE EAQRPASRVQKGAAIFAATPRSTMLRLTKLD EQPVHAASRYVYDWLVALYTLANENAGYR HPQDVTDVDRAQLIALIA
NT seq	2148 nt atgacaaaaccgttaaacgccactcaggctgttatcgagtgggttaac aacacgcgccgttacgcaacgcgactggatgacgaagccgacgctc tgctggcgcaacttacgcttgccgcggcggatgagtcagcgctcaac gccgcctgcgcatcatcacatggctgcgttggtctgtacgggtatgcg Caatccgcaaaagcgcatctgttaacgacgctatgcggtaacgagaat ggcaagctggaaattatcacgccggaccgtgactatgattatttcagcc acatcaatccgggtcatgcgccagcgaatggctattcgctttacgcg cgacattttttttcaaacgagcggctggccgttgcgcctgcttgatc agtgaagccgaactggtgcagatctttattgcctggaccagctcgtcc

	cccgtttgtcgccaggtcgaaaaatccattatcacatcacgcctggag aaatggcaatcgcttcgccaaccgcagcccggtccccggcgttaccg c tgaaggtagcgaccatcgcggagtttctggcgcttgcctcccgtc cgccagacaacatgatgatgatgcgacatggcaacactttgcctcgct cttgcctgcgctggatctcacgacgggcgccacgctgggcattact gtggggagagcaaccagagatcacccagcaatggctggcgctggc gcatatgttgcaacaaaccggccatgccggggaactggcggcgccg ctcagcctgctggtcgatcattttggcttaccggcggaaaacttcctga cgcaaatggcgctaaccgccagcgatacgcaaagcgatgtggtggtg gt gcatccggttaaggaaggccgactgctcaatgcggtcagcctttcgct tgattctctggcgctgcttacccgcgaactggtgctaaccgttgaaaat agcgtactggataacgttgatttactggatattccggtcgcgccagaca
	gtcatcctcatccgttatggcgggcgaaattaggctggatgctggccc attaccgtcagcagatacagcccgatgttctggtgatttgcaatgctg gcatctcgctcgcaaacgtccactgccgcccgtcacttactggagtgg gttaacgccacgcagcccagcatgaatcagcgttacccggcgtcgt Ctgggctattactccacaggatgcccgttttgccacccagcaaaatctg gatgaagccgtccagcagttgatgggtaaacctggcgtgcattgggg gg aacgttgcaggcctggataaacacagtatgcagcgtttggtggagt ggttatcgcaggcgacatcggcaccacagcggcgcgcttaca ggcgttacgcgaacaactgcggaggccgcgtgcgcgatctgttaccg a tgtgtgatgacgcgcggctaccggttgaaaccgtgatccggcgtcttc aggcccaggccgccagacatggcgacctgctgggggctgttacc gccggtacagaatttcgaagcgttgctgcgcacccgacagtcgcgag aagaacaggtcagcggtttatttaatgacgcgatcgatctctttgccga cgaaccaacgcacgcttcagcgtcagaaggtcatgaaacaggctac caggccacaaaatgtggatcaatcatctgcgccagtgggcccactg ccgggataatgcgcagcgtctgggactggaaccgcagatgctcaac

	gccgtggcggagattttaattaccgccagctatcgcctcggtttacctc agcagttacagaaaaccatgcagcgcgaggaggtgagcggcgcgg c agcttcatgccatcattggtaacttcatcgcctggctcggctacgccaat atcgagggcccaacgcccggccagccgcgttcgttcagaaaggcgc a gccattttcgccgcaacgccgcgttcggacaatgttcgtctaacaaag cttgacgaacagcccgttcacgccgccagccgctatgtctatgactgg cttgttgcgctgtataccctggccaatgagaacgcaggatatcggcat ccgcaggacgttaccgacgtagacagcgcaattaattgccctgat agcctga
Entrada	t1750CDS S. Ty2
Nome do gene	mviN
Definição	fator de virulência MviNTeórico pI/Mw: 10.03 / 54146.07
Posição	complement(1814371..1815864)
AA seq	497 aa MFSRVLGFARDAIVARIFGAGMATDAFFVAF KLPNLLRRIFAEGAFSQAFVPILAEYKSKQGE EATRIFVAYVSGLLTLALAVVTVAGMLAAP WVIMVTAPGFADTADKFALTTQLLRITFPYI LLISLASLVGAILNTWNRFSIPAFAPTFLNISM IGFALFAAPYFNPPVLALAWAVTVGGVLQL VYQLPYLKKIGMLVLPRINFHDTGAMRVVK QMGPAILGVSVSQISLIINTIFASFLASGSVSW LYYADRLMEFPSGVLGVALGTILLPSLSKSF

	ASGNHDEYCRLMDWGLRLCFLLALPSAVAL GILAKPLTVSLFQYGKFTAFDAAMTQRALIA YSVGLIGLIVVKVLAPGFYSRQDIKTPVKIAI VTLIMTQLMNLAFIGPLKHAGLSLSIGLAAC LNASLLYWQLRKQNIFTPQPGWMWFLMRLI ISVLVMAAVLFGVLHIMPEWSQGSMLWRLL RLMAVVIAGIAAYFAALAVLGFKVKEFVRR TA
NT seq	1494 nt atgttttcacgcgtgttgggctttgcccgtgatgcgattgtcgccagaat
	ttttggcgcagggatggcgaccgacgcctttttgtggcgtttaaacttc Ccaatctactacgccggatctttgccgaaggcgctttcaggccttt gtgcctatcctggcggaatataagagcaagcagggtgaagaagcga cgcggatctttgtcgcttacgtttccggcctgttggacgctggcattggc c gtcgtgacggtgggggtatgctggccgccgtgggtgattatggta accgcgggttgttgccgatactgcggataaattgcgctgctgacgacg caactgcggattacgtttccctatattgctgctgctgctgctgcttca ctggttggcgccattctcaacctggaatcgcttctctattcccgctttt gcgacatttcttaatatcagtatgatcggttttgcattattcgccgcg ccatactttaatccgccggtgctggcgttagcctgggcagtcaccgtc ggcggcgtgctgcaactggtgtgtatcaacttccgtatttgaaaaagatc g gtatgctggtgctgccgcgcattaactttcacgacaccggggcgatgc gggtggtcaaacagatggggccggcgattttgggcgtttccgtcagtc agatctcccttatcatcaataccattttcgcctcgtttctggcctccggct cggtctcatggttgtactatgccgatcggttgatggagttcccgtccgg cgtgctgggcgtggcgttggggaccatcctgttgccgtcattgtcgaa aagctttgccagcggcaatcatgatggagtactgccgcctgatggact

	g ggggctgcgtttgtgctttttttttggcgttgccgagcggggcggcta ggcattctggcgaagccgctgacggtctcgctgtttcagtacggtaaat tcaccgcctttgatgcggcggatgacgcagcgggttaatcgcctatt cggtggggctgattggcttgatcgtcgtaaaagtgctggccccgggct tctattctcgccaggatattaaaacgccggtgaaaatcgccatcgtgac gttaatcatgacgcagttaatgaacctggcgtttattggaccgctgaaa cacgccgggctgctgtcgctctctctctattggtctggcggcatgtctca atgcgt cgctgctgtactggcaactgcggcaaacagaatctttacgccacaac cggggtggatgtggttcctgatgcgtctgtctgtctgatcatttccgtact ggtaatg gccgccgtgtgttcggcgtgtgttgcatattatgccggagtggtcgcaa g
	ggtcgatgctatggcgtttgctgcgtttgatggcggtagtgatcgcgg gtatcgcggcctatttcgccgcgcttgccgtgctgggc
Entrada	t1751CDS S. Ty2
Nome do gene	mviM
Definição	fator de virulência MviMTeórico pI/Mw: 6.80 / 34032.87
Posição	complement(1816210..1817133)
AA seq	307 aa MRTLRIGIVVLGGIAQKAWLPVLTNTAGWT LQGAWSPSRDKALRICESWRIPYVDSLANLA SGCDAVFVHSSTASHYAVVSELLNAGVHVC VDKPLAENLRDAERLVALAAQKKLTLMVGF NRRFAPLYRELKTRLGTAASLRMDKHRTDSI

	GPHDLRFTLLDDYLHVVDTVLWLAGGEARL ASGTLLTSESGEMCYAEHHFSADKLQITTSM HRRAGSQRESVQAVTDGGLYDVTDMREWR EERGQGILIKPIPGWQTTLEQRGFVGCARHFI DCVQNQTVPETAGEQAILAQRVVEALWRDA ISE
NT seq	924 nt gtgagaacattacggattcattgtcgtgtgttaggtggtattgcgcaga aggcctggctgccggtattaaccaacaccgccggatggacgttacag ggcgcctggtctcgcgggataaagccttacgtatttgcgaaagct ggcgcataccgtatgtggattcgctggcgaatttagcgtccggctgcg atgcggtcttcgtccactccagtaccgcaagccattatgccgtggtcag cgaacttctcaacgctggcgtccatgtctgcgtggataaaccgctggc
	ggaaaatctacgtgatgccgaacggctggtggcgctggcggcgcaa aaaaaattgacgctgatggttggttaatcgccgtttcgccggctgta Ccgcgaactgaagacgcctcggcggcactgcggcggcggcgtcac tggtatg gataaacatcgtaccgatagcatcgggccgcatgacttacgttttttt gctcgatgactatctgcatgtcgtggatggataccgttctgtggctggcg ggc ggcaggcgcgccttgccagcggcacgttgctcaccagcgagtccg gcgaaatgtgctatgcggaacatcatttttccgccgacaaattacaaatt accaccagtatgcaccggcgcgccggaagtcagcgtgaatcggtcc aggccgtcaccgatggcgggctgtatgacgtgacggatgcgtgaa tggcgcgaagcgggcgggcagggtattctcatcaaacccattccggg ttggcaaacaacgcttgagcagcgtggttttgtcggatgcgcgcggca tttcattgactgcgtacaaaatcagacggttccggaaacggcggcggg g

	agcaggcattttggcccagcgcgtcgtcgtgggggggcctgtggcggg a cgccatcagcgaataa
Entrada	t2491CDS S. Ty2
Definição	autotransportador/fator de virulênciaTeórico pI/Mw: 3.86 / 103988.89
Posição	complement(2561488..2564373)
AA seq	961 aa MHSWKKKLVVSQLALACTLAITSQANATTYD TFGYHDDAATVFGWDDTNDHDYLTYGGYVY NTPASDSGYFDTKFTGDTVNGVISTYYLNHDY ANDTANTLDVTNSTIHGMITSYQMGYGQYVW TNGSDYTTHDWVDDDTFNLNISNSTIDDDFEA FYFTDTYLDSDGKTVKTDYDKLVTAGLGTAIT LDVESNINITNNSHVAGIALYQNDLGNSTYTTE AHQWDNTINVANSTVTSGSWSEDEEQGHFGN SSEPSDYNGNGWNKDDVALAFVDDPYSNYRM VNNVTFTDSQLLGDVVLESSWNYNFYSNGRL VDDSTTVYTNGGWADDDQNVDHLTLTLNNTK WVGAAVNDSQSMDPVQFYDVDANSLDPDSTN YDAWGRVNSAASFQSGIFDVSLNNGSEWDTT KTSVIDTLAVNSGSQVDVANGSNLTADTITLN GGSAMNIGEGGYVDTDHLTVDTFSTVTLADD VSSAWSDDALYANTITVTHGGMLDIQTNNTNA DSVIDTDTLELTSSNVADNNGNVYAGVFNIHS NDYTLNADLVNDRTWDTTQANYGYGVVAMN

	SDGHLTINGNGDINNGDEADASSTDNVVAAT GNYKVRIDNATGAGSVADYKGNELIYVNDINT
	DATFSAANKADLGAYTYQAKQEGNTVVVLEQM ELTDYANMALSIPSANTNIWNLEQDTVGTRLT NARHGLADNGGAWVSYFGGNFNGDNGTINYD QDVNGIMVGVDTKVDGNNAKWIVGAAAGFA KGDLSDRTGQVDQDSQSAYIYSSARFANNIFV DGNLSYSHFNNDLSANMSDGTYVDGNTSSDA WGFGLKLGYDLKLGDAGYVTPYGSVSGLFQS GDDYQLSNDMKVDGQSYDSMRYELGVDAGY TFTYSEDQALTPYFKLAYVYDDSN NDADVNGDSIDNGVEGFAVRVGLGTQFSFTKN FSAYTDANYLGGGDVDQDWSANVGVKYTW
NT seq	2886 nt atgcactcctggaaaaagaaacttgtagtctcacaattagcattggcttgca Ctctggcaatcacttctcaggcgaatgctactacatacgattttgggtac Catgacgatgcggccactgtttttggctggggggatgataccaacgaccat gac tatctaacttatggtggtggttatgtctacaaccccagctagtgatagcggct attttgatacaaaatttactggtgacactgtaaatggcgtttttttcaacttatta tctgaatcatgattacgccaatgatactgcgaatacattggatgttaccaact caaccattcatggtatgattacttcttaccagatgggctacggtcaatatgttt ggactaacggtagtgattatacgacccatgattgggttgatgatgatgatact tttt aatctaaacatttctaattctacaatcgatgatgactttgaggcgtttttttacttc a ctgatacctatctcgattctgatggaaaaacagtcaaaaccgattatgacaa

	attggttctgctggtttaggcactgctataacccttgatgttgaaagtaatat taatattactaacaattctcatgtggctggtattgctctctttaccaaaatgatct t ggcaattcaacatatacaaccgaagcacatcagtgggataacactattaac gtagcgaattcaactgtaacttcaggctcctggtccgaagatgaggaaca aggccattttggcaattcaagtgaaccaagcgattataatggcaatggggtt g
	gaataaagatgatgttgctttagcttttgttgacgatccttattcaaattaccgt atggtaaacaacgttacgtttaccgactcgcagttgggggatgtcgtc ctt gagagctcctggaattataatttctattctaatggccgtttagtcgatgattcc actactgtctatacgaatggtggttgggcagatgatgatcaaaacgttgatc acctgacattgaccctgaataacactaaatgggttggtggtgcggcggtta atg attcacagtcaatggatccagtgcaattctatgatgttgatgatgccaatagc tta gatccagactcgactaattatgatgcctggggggacgtgttaatagtgctgc tt Ccttccagcggtatctttgacgtcagcttgaataatggatctgagtggga taccacaaaaacatctgtaatagataccttagcagtaaatagcggctctca ggttgatgtcgctaatggctccaatttaaccgctgctgataccattactctaaa cg gtggttcagctatgaacatcggggaaggtggctacgttgatactgatcacc tgaccgttgatactttcagtacagttactttggctgatgatgtcagcagtgca tggagtgatgatgatgcactgtatgctaatactattaccgtaactcacggtgg tggtat gttagatattcaaaccaatacaatacaaacgcagatagcgtcattgatactg at acgttagaactgactagcagtaacgttgcggataataatggcaatgtttatg ctggtgtgttcaacattcatagcaatgactataccctaaatgccgatttggtg g aacgaccgtacctgggataccactcaggctaactacggttacggcgttgt

	cgcgatgaactctgatggtcatctgactatcaacggtaacggcgatatcaa caatggtgacgaggctgatgcaagtagcaccactgacaacgttgtagcg gccactggtaattataaaa gtgcgcatcgacaacgctactggtgccggttctgttgcggattacaaaggt aacgagctgatttatgtcaatgacataaacaccgacgctaccttctctgcag caaacaaagctgacctgggtgcttacctacctatcaggctaagcaggaag g caacactgtcgtgctggaacagatggaactgaccgactacgctaacatgg cgctgagcattccttctgcgaacaccaatatctggaacctggaacaagac accgttggtactcgtctgaccaacgctcgtcatggcctggcggcggataac gg
	Cggcgcatgggtaagctacttcggcggtaacttcaacggcgacaacggc accattaactacgatcaggatgttaatggcatcatggtcggtgttgatacca aagttgacggtaacaacgctaagtggatcgttggtgtgcggcagcaggctt c gcgaaaggcgatctgggatcgtgtaccggtcaggtggatcaggacacc cagtctgcctacatctctcttccgctcgtttcgcaaacaacatctttgttgac ggtaacttaagctctctcacttcaacaacgatttgtctgctaacatgagcg acggtacttacgttgacggcaacctcttctgacctgctggggcttcggct tgaaactgggttatgatctgaagctgggtgatgatgctacgtaacgcctt acggcagcgtatccggtctgttccagtccggcgacgactaccagctgag caacgacatgaaagttgacggtcagtcttctacgacagcatgcgttatgaa ct cggtgtagatgcagttataccttcacttacagcgaagatcaggcgctgctga c cccgtacttcaaactggcttacgtttacgacgactccaac aacgatgctgacgtaaacggcgactctatcgacaacggcgtagaaggttt tgcggtacgtgttggtctgggtactcagttcagcttcacgaagaacttcagc gcctacaccgatgctaactacctcggcggcggtgatgttgatcaagactg gtctgcaaacgttggtgtgttaaatatacctggtaa
Entrada	t2675CDS S. Ty2

Nome do gene	virK
Definição	proteína de virulência pI/Mw teórico: 9.62 / 36087.19
Posição	2767292..2768221
AA seq	309 aa MTMQQSDMERYNPLLMLKEVMAQTPYRHK RWGERKFRYKFVLRCLINPVTTIKYFNELCH LSQPRTLIIHRPLLPAKIQRPYLYTGLSIRCRA KAILEHYQFVQSFPESKIKKILLSEEQILLAHL EGKNGALVDIYCGPCGYDREGELTLTLCFN DTPLARLSFSFIRHEGKQIALVAGLQGPSKHI GPQVIRNATKDCYGLFPKRMLYEAFATLMQ ACNVDEIYAVSENNHVYRQLRYLFQKKKTF VASYSEFWESLNGVKKGALYHLPSQVMRK APESIPSKKRAEYRKRYHILDTIIQEVNSLSR
NT seq	930 nt atgacgatgcagcaaagtgatggaaagatataatccattattaatgtt aaaagaagtcatggcgcagacgccttatcgccataaacgctgggga gagcgtaagtttcgctataaatttgtattacgttgccttattaaccccgtaa Cgacaattaaatacttcaatgaattatgccatctgtctcagcccagaacg Ctgattattcatcgtccactgttgccggcaaaaatccagcggccctattt gtataccggacttagcatacgttgccgggcaaaggctattctggaaca ctaccagttcgttcagtcctttccggaaagtaaaaattaaaaagatcctt gtccgaggaacaaatcttactcgctcacctggaaggaaaaaacggtg

	Ctctggtagatatctactgcggtccctgtggctatgacagagaaggtga actgacattaacgctgtgcttcaatgatacgccgttggcacgtttatcatt ttcctttatccgccatgaagggaagcaaatagcgctggttgccggggtt a caggggcccagtaaacatcggcccacaagtcatacgtaacgccac caaagattgttacggtctttcctaaacggatgctgtatgaagcatttgc gacattgatgcaggcctgtaatgtcgacgagatttacgcggtaagtga aaacaaccatgtttatcgtcaactcaggtacttattccagaagaaaaaa acttttgtggggccagctatagtgaattgggagtcgctaaacggcgtta agaaaggtgccttatatcatctgccatcacaggtgatgcgtaaagcgc ctgaaagtatccccagcaaaaaacgcgcagcagtatcggaagcgcta t catattctggatacaataatacaagaggttaacagcctcccggtag
Entrada	t2790CDS S. Ty2
Nome do gene	spaR
Definição	proteína secretora associada à virulência PI/Mw teórico: 5.23 / 28436.64
Posição	complement(2870447..2871238)
AA seq	263 aa MLYALYFEIHHLVASAALGFARVAPIFFFL PFLNSGVLSGAPRNAIIILVALGVWPHALN EAPPFLSVAMIPLVLQEAAVGVMLGCLLS WPFWVMHALGCIIDNQRGATLSSSIDPAN GIDTSEMANFLNMFAAVVYLQNGGLVTM VDVLNKSYQLCDPMNECTPSLPPLLTFINQ VAQNALVLASPVVLVLLLSEVFLGLLSRF APQMNAFAISLTVKSGIAVLIMLLYFSPVL

	PDNVPRLSFQATGLSSWFYERGATHVLE
NT seq	792 nt atgctttacgcgttgtactttgaaattcatcacctggttgcgtctgcg gcactagggtttgctcgcgtagcgccgattttttcttcctgccgttttt gaatagcggggtattaagcggcgcgccgccgagaaacgccattat ca tcctggtggcattgggagtatggccgcatgcattgaacgaggcgc cgccgtttttatcggtggcgatgatcccgttagttctgcaagaagcg gcggtaggcgtcatgctgggctgtctgctgctgctgctgtcatggcc tttttgggt tatgcatgcgctgggttgtattatcgataaccagcgaggggcaac
	gctaagtagcagtatcgatccggcaaacggtattgatacctcgga aatggctaatttcctgaatgtttgccgctgtcgtttatttacaaaac ggcggtctggtcacgatggttgacgtgtgttaaataaaagctatcag c tatgcgatccgatgaacgagtgcacgccttcattaccgccgctatt aacgtttattaatcaggtggctctcaaaacgccttggctggggccag tc Cggtggtattagtgctgttgctgtcagaagtattcctgggtttattgtc gcgctttgctccgcaaatgaacgcttttgcgatttcactgacggtaa aaagcggcattgccgttttaattatgctgctttttatttctctccggtact a ccggacaatgtaccgcgactctttccaggccacagggttaagc agtttttacgagcgaggggcgcatgtcctcgaataa
Entrada	t2791CDS S. Ty2
Nome do gene	spaQ
Definição	proteína secretora associada à virulência PI/Mw teórico: 5.97 / 9359.31

Posição	complement(2871242..2871502)
AA seq	86aa MDDLVFAGNKALYLVLILSGWPTIVATIIG LLVGLFQTVTQLQEQTLPFGIKLLGVCLCL FLLSGWYGEVLLSYGRQVIFLALAKG
NT seq	261nt atggatgatttagtgtttgcaggtaataaggcgctctatcttgttttga tcctgtcagggtggccgacgattgtcgcaacgattatcggcctcct ggtagggttattattccagacggtaacgcaattacaggaacaggct gccttttggcattaaattacttggcgtgtgtgtttgtatgcttgtttttact gtct ggctggtatggcgaagtttttactctctcttacgggcgtcaggtgat att cctggcgttggctaaggggtaa
Entrada	t2795CDS S. Ty2
Nome do gene	spaM
Definição	proteína secretora associada à virulência PI/Mw teórico: 9.09 / 18078.77
Posição	complement(2874113..2874556)
AA seq	147 aa MHSLTRIKVLQRRCTVFHSQCESILLRYQD EDRGLQAEEEAILEQIAGLKLLLDTLRAEN RQLSREEIYTLLRKQSIVRRQIKDLELQIIQI QEKRSELEKKREEFQKKSKYWLRKEGNY

	QRWIIRQKRHYIQREIQQQEEAESEEII
NT seq	444 nt atgcattcgctgaccagaattaaagttttacagcggcgctgtacggt atttcattcacagtgtgagtcaatattacttcgctatcaggatgagga ccgcgggctgcaggccgaggaggaggcgatccttgaacaaata gcgggtctgaaattgttattagatacgctgcgtgtgcagaaaacaga c agctcagtcgtgaggaaatttatacgttattacgtaagcagtctattg ttcgccggcagataaaagatttagaactccagattatacaaattcag gaaaaacggagcgagctggaaaagaaaagggaagagtttcaga aaaaaagtaaatattggttgcgcaaagaagggaactatcaacgct ggataattcgtcagaaagacactatccagcgagagatacagc aggaaggccgagtcagaggagataatttaa
Entrada	t2797CDS S. Ty2
Nome do gene	spaK
Definição	proteína secretora associada à virulência PI/Mw teórico: 4.54 / 14919.14
Posição	complement(2875826..2876233)
AA seq	135 aa MQHLDIAELVRSALEVSGCDPSLIGGIDS HSTIVLDLFALPSICISVKDDVWIWAQL GADSMVLQQRAYEILMTIMEGCHFARG GQLLLGEQNGELTLKALVHPDFLSDGEK FSTALNGFYNYLEVFSRSLMR

NT seq	408 nt atgcaacatttggatcgctgaattagttcgttccgcactggaag taagtggttgcgatccttcattaattggaggaatagatagccattc aacaattgttggatttatttgcattgccaagtctgtatcagcgt caaggacgatgatgtatggatctgggcgcaattgggtgctgctga ca gcatggtggtattacaacagcgggcttatgaaatcttaatgaccat aatggaaggatgccattttgcccggcgggcaattactactgg gggagcagaatggggagctaacgcttaaagccttagtgcatcc ggatttttatctgacggtgaaaagttctctctactgccttgaatggg tt ttacaactatctggaagtttttagtcggtcgctaatgagatga
Entrada	t2798CDS S. Ty2
Nome do gene	invA
Definição	proteína secretora associada à virulência PI/Mw teórico: 5.54 / 76055.23
Posição	complement(2876257..2878314)
AA seq	685 aa MLLSLLNSARLRPELLILVLMVMIISMFVI PLPTYLVDFLIALNIVLAILVFMGSFYIDRI LSFSTFPAVLLITTLFRLALSISTSRLILIEA DAGEIIATFGQFVIGDSLAVGFVVVFSIVTV VQFIVITKGSERVAEVAARFSLDGMPGK QMSIDADLKAGIIDADAARERRSVLERES QLYGSFDGAMKFIKGDAIAGIIIIFVNFIGG ISVGMTRHGMDLSSALSTYTMLTIGDGL

	VAQIPALLIAISAGFIVTRVNGDSDNMGR NIMTQLLNNPFVLVVTAILTISMGTLPGFP LPVFVILSVVLSVLFYFKFREAKRSAAKP KTSKGEQPLSIEEKEGSSLGLIGDLDKVST ETVPLILLVPKSRREDLEKAQLAERLRSQ FFIDYGVRLPEVLLRDGEGLDDNSIVLLIN EIRVEQFTVYFDLMRVVNYSDEVVSFGIN PTIHQQGSSQYFWVTHEEGEKLRELGYV LRNALDELYHCLAVTLARNVNEYFGIQE TKHMLDQLEAKFPDLLKEVLRHATVQRI SEVLQRLLSERVSVRNMKLIMEALALWA
	PREKDVINLVEHIRGAMARYICHKFANG GELRAVMVSAEVEDVIRKGIRQTSGSTFL SLDPEASANLMDLITLKLDDLLIAHKDLV LLTSVDVRRFIKKMIEGRFPDLEVLSFGEI ANÚNCIOS
NT seq	2058 nt gtgctgctttctctctacttaacagtgctcgtttacgacctgaattact g attctggtactaatggtgatgatcatttctatgttcgtcattccattac Ctacctatctggttgatttcctgatcgcactgaatcgtactggcg atattggtgtttatggtcgttctctacattgacagaatcctcagttttt caacgtttcctgcggtactgttaattaccacgctctttcgtctggca ttatcgatcagtaccagccgtcttatcttgattgattgaagccgatg

	ccg gtgaaattatcgccacgttcgggcaattcgttggcgatagcct ggcggtgggttttgttgtcttctctctattgtcaccgtggtccagttta t cgttattaccaaaggttcagaacgcgtcgcggaagtcgcggcc cgattttctctggatggtatgcccggtaaacagatgagtattgatg ccgatttgaaggccggtattattgatgcggatgctgcgccgaa cggcgaagcgtactggaaagggaaagccagctttacggttcctt tgacggtgcgatgaagtttatcaaaggtgacgctattgccggcat cattatcatctttgtgaactttattggcggtatttcggtgggggatg ac ccgccatggtatggatttgtcctccgctctgtctacttataccatgc tgaccattggtgatggtcttgtgcccagatccgcattgttgatt gcgattagtgccggttttatcgtgactcggcgtaaatggcgatagc gataatatggggcggaatcatgacgcagctgttgaacaaccc atttgtattggttgttgttacggctattgaccatttcaatgggggaact ctg ccgggattcccgctgcctatttgtgtttttttatcggtggttttaagc gtcttctattttaaattccgtgaagcaaaacgtagcgccgcca
	aacctaaaaccagcaaaggcgagcagccgctcagtattgagga aaaagaagggtcgtcgttaggactgattggcgatctcgataaag tctctacagagactgtaccgttgatattactgtgccgaagagccg gcgtgaagatctggaaaaagctcaacttgcggagcgcctacgt agtcagtttttattgattatggcgtgcgcctgccggaagtattgtt acgcgatggcgagggcctggacgataacagcatcgtattgttga ttaatgagatccgtgttgaacaatttacggtctattttgatttgatgat gc gagtggtaaattattccgatgaagttgtttcctttggcattaatccaa Caatccatcagcaaggtagcagtcagtatttctgggtaacgcatg aagagggggagaaactccgggagcttggctatgtgttgcggaa

	cgcgcttgatgagctttaccactgtctggcggtggtggacgctgg cgc gcaacgtcaatgaatatttcggtattcaggaaacaaaacatgct ggaccaactggaagcgaaatttcctgatttacttaaagaagtgct cagacatgccacggtacaacgtatctgaagttttgcagcgtttg ttaagcgaacgtgtttccgtgcgtaatatgaaattaattatggaag cgctcgcattgtgggcgccaagagaaaaagatgtcattaacctt gtggagcatattcgtggagcaatggcgcgttatatttgtcataaat tcgccaatggcggcgaattacgagcagtaatggtatctgctgaa gttgaggatgttattcgcaaagggatccgtcagacctctggcagt accttcctcagccttgacccggaagcctccgctaatttgatggat ctcattacacttaagttggatgattgattgattgcacataaagatctt gtcctccttacgtctgtcgatgtccgtcgatttattaagaaaatgatt gaaggtcgttttccggatctggaggtttttatctcggtgagatagc agatagcaagtcagtgaatgttataaaaacaatataa
Entrada	t2800CDS S. Ty2
Nome do gene	invG
Definição	proteína secretora associada à virulência PI/Mw teórico: 8.73 / 61643.73
Posição	complement(2879454..2881142)
AA seq	562 aa MKTHILLARVLACAALVLVAPGYSSEKIP VTGSGFVAKDDSLRTFFDAMALQLKEPV IVSKMAARKKITGNFEFHDPNALLEKLSL QLGLIWYFDGQAIYIYDASEMRNAVVSL RNVSLNEFNNFLKRSGLYNKNYPLRGDN

	RKGTFYVSGPPVYVDMVVNAATMMDK QNDGIELGRQKIGVMRLNNTFVGDRTYN LRDQKMVIPGIATAIERLLQGEEQPLGNI VSSEPPAMPAFSANGEKGKAANYAGGM SLQEALKQNAAAGNIKIVAYPDTNSLLV KGTAGQVHFIEMLVKALDVAKRHVELSL WIVDLNKSDLERLGTSWSGSITIGDKLGV SLNQSSISTLDGSRFIAAVNALEEKKQAT VVSRPVLLTQENVPAIFDNNRTFYTKLIG ERNVALEHVTYGTMIRVLPRFSADGQIE MSLDIEDGNDKTPQSDTTTSVDALPEVG RTLISTIARVPHGKSLLVGGYTRDANTDT VQSIPVLGKLPLIGSLFRYSSKNKSNVVR VFMIEPKEIVDPLTPDASESVNNILKQSGA
	WSGDDKLQKWVRVYLDRGQEVIK
NT seq	1689 nt atgaagacacatattcttttggccagagtgctggcatgtgccgcg Cttgttctggttgcacctggttattctagtgaaaaaatacctgtaac gggaagtgggtttgttgcgaaagacgatagcctgcggacatttt cgatgccatggcgctacagctaaaggagcctgtcattgttagca aaatggcggcacgaaaaaaattacgggcaactttgagtttcac gatcctaacgcattactggagaagctttccctacaactgggggc tg atttggtatttcgatgggcaggctatctatatttatgacgccagtga aatgcgcaatgccgtggtttctttacgcaacgtctcactcaatgag ttcaacaattttctaaaacgctcaggtttatataacaaaaattaccc

	gctacgtggcgataaccgtaaaggaacattctatgtttcagggcc acccgtctatgttgatatggtggtcaacgccgccaccatgatgga caagcaaaacgatggtattgagctgggacgccagaaaataggg gtgatgcgtctgaacaataccttcgtgggcgatcgtacctacaat ctgcgcgatcagaaaatggttattcccggtattgctacggccatt gaaaggttattgcagggagaagagcaacccttaggtaatattgtc agtagcgaacccccggcgatgccagcattttcagcgaatggag aaaaaggtaaagcagcaaattatgccggtggcatgagtctgca ggaagctttaaagcaaaatgccgcggcgggcaatattaaaatcg tggcctatccggataccaacagtttgttagtaaagggaacggctg ggcaggtgcattttatcgaaatgctggttaaagcgctggatgtcg ccaaacgtcacgtagaattatccctgtggattgtcgatcttaataa aagcgatctggagcgtttgggcacttcatggagcggcagcagca taa ctattggggacaaacttggcgtgtgtcattaaaccagtcttcaataa g taccctcgatggcagtcgattcatcgccgcggtcaatgcgttaga agagaagaaacaggcgacggtggtgtcgcgtccggtattactga
	Ctcaggaaaatgttcccgctatttttgataacaacagaacgttttac accaagctgattggggaacgtaatgtggcgcttgagcatgtaac atacggaacaatgatccgagtgctgccgtttccgcagatgg tcagatagaaatgtcgctggacattgaagatggcaacgataaga cgccgcaatccgatactaccacctccgtagatgcgttacccgaa gtcgggcgaacgttaattagcactattgcaagagttccgcacgg aaaaagtttgctggtcggtggttatacgggatgcaaataccga tactgtccaaagtattccggttttaggcaaattaccgcttattggta gcctgttccgttattccagtaagaataaaagtaatgttgttcgtgtgt g ttcatgattgaaccaaaagaaattgtcgacccgttaacgccggat

	gccagcgaatcggtaaacaatattctgaagcaaagcggtgcctg gagtggggacgataagttacagaaatgggttcgtgtttatctgga tagaggtcaggaggtaattaaatga

Sequência do gene *Phop* selvagem 675 nt

Atgatgcgcgtactggttgtagaggataatgcattattacgccaccacctgaaggttcagctccaggattca
ggtcaccaggtcgatgccgcagaagatgccagggaagctgattactaccttaatgaacaccttccggatat
cgctattgtcgatttaggtctgccggatgaagacggcctttccttaatacgccgctggcgcagcagtgatgttt
cactgccggttctggtgttaaccgcgcgcgaaggctggcaggataaagtcgaggttctcagctccggggc
cgatgactacgtgacgaagccattccacatcgaagaggtaatggcgcgtatgcaggcgttaatgcgccgta
atagcggtctggcctcccaggtgatcaacatctcgcctttccaggtggatctctcacgccgggaattatccgt
caatgaagaggtcatcaaactcacggcgttcgaatacaccattatggaaacgcttatccgtaacaacggtaa
agtggtcagcaaagattctctgatgcttcagctgtatccggatgcggaactgcgggaaagtcataccattgat
gttctcatggggcgtctgcggaaaaaaatacaggcccagtatccgcacgatgtcattaccaccgtacgcgg
acaaggatatctttttgaattgcgctaa

Sequência da proteína PhoP selvagem 224 aminoácidos

MMRVLVVEDNALLRHHLKVQLQDSGHQVDAAEDAREADYYLNE
HLPDIAIVDLGLPDEDGLSLIRRWRSSDVSLPVLVLTAREGWQDKV
EVLSSGADDYVTKPFHIEEVMARMQALMRRNSGLASQVINISPFQV
DLSRRELSVNEEVIKLTAFEYTIMETLIRNNGKVVSKDSLMLQLYPD
AELRESHTIDVLMGRLRKKIQAQYPHDVITTVRGQGYLFELR

Região de codificação do domínio PhoP selvagem

> (1..351)sequência

atgatgcgcgtactggttgtagaggataatgcattattacgccaccacctgaaggttcagctccaggattcag gtcaccaggtcgatgccgcagaagatgccagggaagctgattactaccttaatgaacaccttccggatatc gctattgtcgatttaggtctgccggatgaagacggcctttccttaatacgccgctggcgcagcagtgatgtttc actgccggttctggtgttaaccgcgcgcgaaggctggcaggataaagtcgaggttctcagctccggggcc gatgactacgtgacgaagccattccacatcgaagaggtaatggcgcgtatgcaggcgttaatg

atg atg cgc gta ctg gtt gta gag gat aat gca tta tta cgc cac cac ctg aag gtt cag ctc cag gat tca ggt cac cag gtc gat gcc gca gaa gat gcc agg gaa gct gat tac tac ctt aat gaa cac ctt ccg gat atc gct att gtc gat tta ggt ctg ccg gat gaa gac ggc ctt tcc tta ata cgc cgc tgg cgc agc agt gat gtt tca ctg ccg gtt ctg gtg tta acc gcg cgc gaa ggc tgg cag gat aaa gtc gag gtt ctc agc tcc ggg gcc gat gac tac gtg acg aag cca ttc cac atc gaa gag gta atg gcg cgt atg cag gcg tta atg

Domínio de ligação à sequência da proteína PhoP selvagem (regulador de resposta)

> (1..117) sequência

MMRVLVV**E**DN ALLRHHLKVQ LQ**D**SGHQV**D**A AEDAR**E**ADYY LNEHLPDIAI V**D**LGLPDEDG LSLIRRWRSS **D**VSLPVLVLT AREGWQDKVE VLSSGA**DD**YV TKPFHI**EE**VM ARMQALM

PI/Mw teórico: 4.64 / 13278.07

Sequência do gene Alterd PhoP [Região codificadora do domínio]

> (1..351)sequência

MMRVLVV**E**DN ALLRHHLKVQ LQ**D**SGHQV**D**A AEDAR**E**ADYY LNEHLPDIAI V**D**LGLPDEDG LSLIRRWRSS **D**VSLPVLVLT AREGWQDKVE VLSSGA**DD**YV TKPFHI**EE**VM ARMQALM

atg atg cgc gta ctg gtt gta agg gat aat gca tta tta cgc cac cac ctg aag gtt cag ctc cag cgt tca ggt cac cag gtc cat gcc gca gaa gat gcc agg aga gct gat tac tac ctt aat gaa cac ctt ccg gat atc gct att gtc aaa tta ggt ctg ccg gat gaa gac ggc ctt tcc tta ata cgc cgc tgg cgc agc agt aag gtt tca ctg ccg gtt ctg gtg tta acc gcg cgc gaa ggc tgg cag gat aaa gtc gag gtt ctc agc tcc ggg gcc cgt cac tac gtg acg aag cca ttc cac atc aaa cac gta atg gcg cgt atg cag gcg tta atg

ALTERD PhoP Domínio de ligação à sequência de proteínas (regulador de resposta)

> (1..117) sequência

MMRVLVV**R**DN ALLRHHLKVQ LQ**R**SGHQV**H**A AEDAR**R**ADYY LNEHLPDIAI V**K**LGLPDEDG LSLIRRWRSS **K**VSLPVLVLT AREGWQDKVE VLSSGA**RH**YV TKPFHI**KH**VM ARMQALM

pI/Mw teórico: 10.15 / 13488.76

Sequência do gene *PhoQ* selvagem 1464 nt

atgaataaatttgctcgccattttctgccgctgtcgctgcgggttcgtttttgctggcgacagccggcgtcgtg
ctggtgctttctctggcatatggcatagtggcgctggtcggctatagcgtaagttttgataaaaccacgtttcgt
ctgctgcgcggcgaaagcaacctgttttataccctcgccaaatgggaaaataataaaatcagcgttgagctg
cctgaaaatctggacatgcaaagcccgaccatgacgctgatttacgatgaaacgggcaaattattatggac
gcagcgcaacatcccctggctgattaaaagcattcaaccggaatggttaaaaacgaacggcttccatgaaa
ttgaaaccaacgtagacgccaccagcacgctgttgagcgaggaccattccgcgcaggaaaaactcaaag
aagtacgtgaagatgacgatgatgcggagatgacccactcggtagcggtaaatatttatcctgccacgacg
cggatgccgcagttaaccatcgtggtggtcgataccattccgatagagctaaaacgctcctatatggtgtgg
agctggttcgtatacgtgctggccgccaatttactgttagtcattcctttactgtggatcgccgcctggtggag
cttacgccctatcgaggcgctggcgcgggaagtccgcgaacttgaagatcatcaccgcgaaatgctcaat
ccggagacgacgcgtgagctgaccagccttgtgcgcaaccttaatcaactgctcaaaagcgagcgcgaa
cgttataacaaataccgcacgaccctaaccgacctgacgcacagtttaaaaacgccgctcgcggttttgca
gagtacgttacgctctttacgcaacgaaaagatgagcgtcagcaaagctgaaccggtgatgctggaacag
atcagtcggatttcccagcagatcggctattatctgcatcgcgccagtatgcgcggtagcggcgtgttgttaa
gccgcgaactgcatcccgtcgcgccgttgttagataacctgatctccgcgctcaataaagtttatcagcgtaa
aggggtgaatatcagtatggatatttcaccagagatcagttttgtcggcgagcaaaacgactttgtcgaagta
atgggcaacgtactggacaacgcttgtaaatattgtctggagtttgtcgagatttcggctcgccagaccgac
gatcatttgcatattttcgtcgaagatgacggcccaggcataccccacagcaaacgttccctggtgtttgatc
gcggtcagcgcgccgataccctacgaccaggacaaggcgtggggctggctgtcgcgcgcgagattacg
gaacaatacgccgggcagatcattgccagcgacagtctgctcggtggcgcccgtatggaggtcgtttttgg
ccgacagcatcccacacagaaagaggaataa

Sequência da proteína PhoQ selvagem 487 aminoácidos

MNKFARHFLPLSLRVRFLLATAGVVLVLSLAYGIVALVGYSVSFDK
TTFRLLRGESNLFYTLAKWENNKISVELPENLDMQSPTMTLIYDET
GKLLWTQRNIPWLIKSIQPEWLKTNGFHEIETNVDATSTLLSEDHSA
QEKLKEVREDDDDAEMTHSVAVNIYPATTRMPQLTIVVVDTIPIEL
KRSYMVWSWFVYVLAANLLLVIPLLWIAAWWSLRPIEALAREVRE
LEDHHREMLNPETTRELTSLVRNLNQLLKSERERYNKYRTTLTDLT
HSLKTPLAVLQSTLRSLRNEKMSVSKAEPVMLEQISRISQQIGYYLH
RASMRGSGVLLSRELHPVAPLLDNLISALNKVYQRKGVNISMDISP
EISFVGEQNDFVEVMGNVLDNACKYCLEFVEISARQTDDHLHIFVE
DDGPGIPHSKRSLVFDRGQRADTLRPGQGVGLAVAREITEQYAGQII
ASDSLLGGARMEVVFGRQHPTQKEE

Selvagem Sequência genética codificadora do domínio PhoQ

> (28..570)sequência

ccgctgtcgctgcgggttcgtttttgctggcgacagccggcgtcgtgctggtgctttctctggcatatggcat
agtggcgctggtcggctatagcgtaagttttgataaaaccacgtttcgtctgctgcgcggcgaaagcaacct
gttttataccctcgccaaatgggaaaataataaaatcagcgttgagctgcctgaaaatctggacatgcaaag
cccgaccatgacgctgatttacgatgaaacgggcaaattattatggacgcagcgcaacatcccctggctga
ttaaaagcattcaaccggaatggttaaaaacgaacggcttccatgaaattgaaaccaacgtagacgccacc
agcacgctgttgagcgaggaccattccgcgcaggaaaaactcaaagaagtacgtgaagatgacgatgat
gcggagatgacccactcggtagcggtaaatatttatcctgccacgacgcggatgccgcagttaaccatcgt
ggtggtcgataccattccgatagagctaaaacgctcctatatg

Selvagem Sequência genética codificadora do domínio PhoQ

>(28..570)sequência

ccg ctg tcg ctg cgg gtt cgt ttt ttg ctg gcg aca gcc ggc gtc gtg ctg gtg ctt tct ctg gca tat ggc ata gtg gcg ctg gtc ggc tat agc gta agt ttt gat aaa acc acg ttt cgt ctg ctg cgc ggc gaa agc aac ctg ttt tat acc ctc gcc aaa tgg gaa aat aat aaa atc agc gtt gag ctg cct gaa aat ctg gac atg caa agc ccg acc atg acg ctg att tac gat gaa acg ggc aaa tta tta tgg acg cag cgc aac atc ccc tgg ctg att aaa agc att caa ccg gaa tgg tta aaa acg aac ggc ttc cat gaa att gaa acc aac gta gac gcc acc agc acg ctg ttg agc gag gac cat tcc gcg cag gaa aaa ctc aaa gaa gta cgt gaa gat gac gat gat gcg gag atg acc cac tcg gta gcg gta aat att tat cct gcc acg acg cgg atg ccg cag tta acc atc gtg gtg gtc gat acc att ccg ata gag cta aaa cgc tcc tat atg

Proteína PhoQ selvagem Domínio do sensor PhoQ

> (10..190)

PLSLRVRFLL ATAGVVLVLS LAYGIVALVG YSVSFDKTTF RLLRGESNLF YTLAKWENNK ISVELPENLD MQSPTMTLIY DETGKLLWTQ RNIPWLIKSI QPEWLKTNGF HEIETNVDAT STLLSEDHSA QEKLKEVRED DDDAEMTHSV AVNIYPATTR MPQLTIVVVD TIPIELKRSY M

PI/Mw teórico: 4.98 / 20588.65

Alterd Domínio PhoQ codificação Sequência genética

> (28..570)sequência

ccgctgtcgctgcgggttcgtttttgctggcgacagccggcgtcgtgctggtgctttctctggcatatggcat agtggcgctggtcggctatagcgtaagttttcgtaaaaccacgtttcgtctgctgcgcggcgaaagcaacct gttttataccctcgccaaatggaaaaataataaaatcagcgttgagctgcctgaaaatctgcacatgcaaag cccgaccatgacgctgatttaccgtaaaacgggcaaattattatggacgcagcgcaacatcccctggctga ttaaaagcattcaaccggaatggttaaaaacgaacggcttccatcatattgaaaccaacgtagacgccacc agcacgctgttgagcgaggaccattccgcgcaggaaaaactcaaagaagtacgtcaccgtaaggatgat gcggagatgacccactcggtagcggtaaatatttatcctgccacgacgcggatgccgcagttaaccatcgt ggtggtcgataccattccgatagagctaaaacgctcctatatg

Sequência genética codificadora do domínio PhoQ alterada

ccg ctg tcg ctg cgg gtt cgt ttt ttg ctg gcg aca gcc ggc gtc gtg ctg gtg ctt tct ctg gca tat ggc ata gtg gcg ctg gtc ggc tat agc gta agt ttt cgt aaa acc acg ttt cgt ctg ctg cgc ggc gaa agc aac ctg ttt tat acc ctc gcc aaa tgg aaa aat aat aaa atc agc gtt gag ctg cct gaa aat ctg cac atg caa agc ccg acc

atg acg ctg att tac cgt aaa acg ggc aaa tta tta tgg acg cag cgc aac atc ccc tgg ctg att aaa agc att caa ccg gaa tgg tta aaa acg aac ggc ttc cat cat att gaa acc aac gta gac gcc acc agc acg ctg ttg agc gag gac cat tcc gcg cag gaa aaa ctc aaa gaa gta cgt cac cgt aag gat gat gcg gag atg acc cac tcg gta gcg gta aat att tat cct gcc acg acg cgg atg ccg cag tta acc atc gtg gtg gtc gat acc att ccg ata gag cta aaa cgc tcc tat atg

Proteína PhoQ alterada Domínio do sensor PhoQ

PLSLRVRFLL ATAGVVLVLS LAYGIVALVG YSVSFRKTTF RLLRGESNLF YTLAKWKNNK ISVELPENLH MQSPTMTLIY RKTGKLLWTQ RNIPWLIKSI QPEWLKTNGF HHIETNVDAT STLLSEDHSA QEKLKEVRHR KDDAEMTHSV AVNIYPATTR MPQLTIVVVD TIPIELKRSY M

PI/Mw teórico: 9.80 / 20761.25

Figura 8. Estrutura 3D da PhoQ selvagem representada no modelo Spacefill (hidrofóbica)

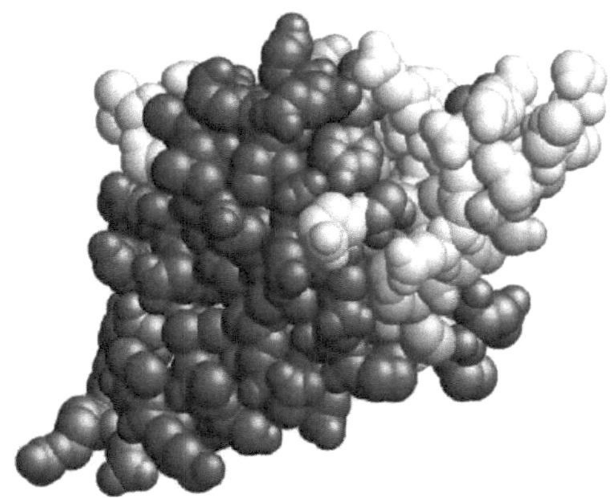

Figura 9. Estrutura 3D da PhoQ selvagem representada num modelo Cartoon (hélices e folhas)

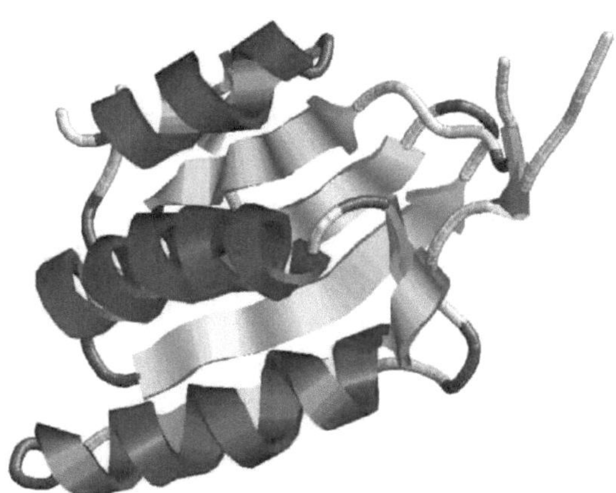

Figura 10: As posições alteradas representadas no tipo selvagem de PhoQ

(Cor vermelha: aminoácidos do ácido glutâmico; cor verde: aminoácidos aspárticos)

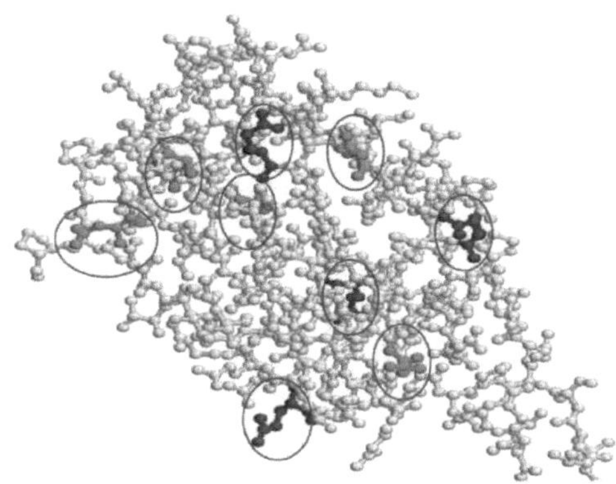

Pormenores da posição de aminoácidos selvagem e alterada da proteína PhoP

N.º de identificação	Posição dos aminoácidos	Aminoácidos alterados	
		Selvagem	Mutante

1	46	D (Asp)	R (Arg)
2	67	E (Glu)	K (Lys)
3	80	D (Asp)	H (His)
4	91	D (Asp)	R (Arg)
5	92	E (Glu)	K (Lys)
6	122	E (Glu)	H (His)
7	149	E (Glu)	H (His)
8	150	D (Asp)	R (Arg)
9	151	D (Asp)	K (Lys)

Figura 11.Wild PhoO Estrutura 3D representada no modelo Spacefill (hidrofóbico)

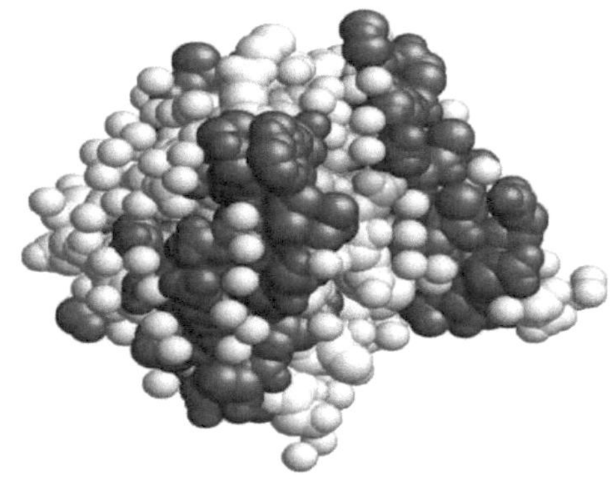

Figura 12.Wild PhoP 3D structure represented in Cartoon model (Helices and Sheets)

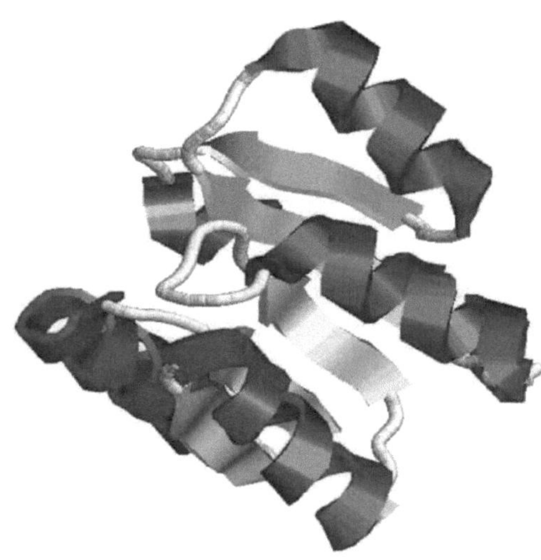

Figura 13. Representação das posições alteradas em aminoácidos nas proteínas PhoP selvagens

(As cores vermelha e verde indicam o ácido glutâmico e o ácido aspártico, respetivamente)

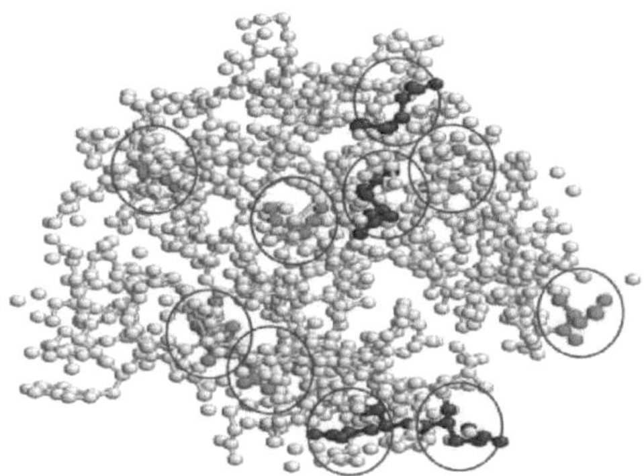

Pormenores da posição de aminoácidos selvagem e alterada da proteína PhoQ

N.º de identificação	Posição dos aminoácidos	Aminoácidos alterados	
		Selvage	mutante

		m	
1	8	E	R
2	23	D	R
3	29	D	H
4	35	E	R
5	52	D	K
6	71	D	K
7	97	D	R
8	98	D	H
9	107	E	K
10	108	E	H

Transformação do gene *pho p/q* alterado em *S. typhi* MDR

A sequência alterada do gene *Pho p/q* foi transferida para a MDR *S. typhi* utilizando o método do cloreto de cálcio, a partir do qual foram registadas colónias de cor azul e branca. Os resultados indicaram que as colónias transformadas eram visíveis a azul e as não transformadas eram colónias brancas (figura 14).

Comparação das proteínas recombinantes com as proteínas de tipo selvagem por SDS-PAGE.

As proteínas celulares totais das colónias transformadas e não transformadas foram extraídas e, subsequentemente, 30 µg de amostras foram carregadas num gel SDS-PAGE. O gel foi corrido a 50 volts durante 3 horas e corado com azul brilhante de Coomassie. Os resultados mostraram que foi exibido um grande número de bandas proteicas. O padrão de proteínas expressas do tipo transformado e do tipo selvagem foi comparado entre si e algumas das proteínas também estavam ausentes nas células transformadas (Figura 15).

Figura 14. Significado da expressão das colónias selvagens e recombinantes

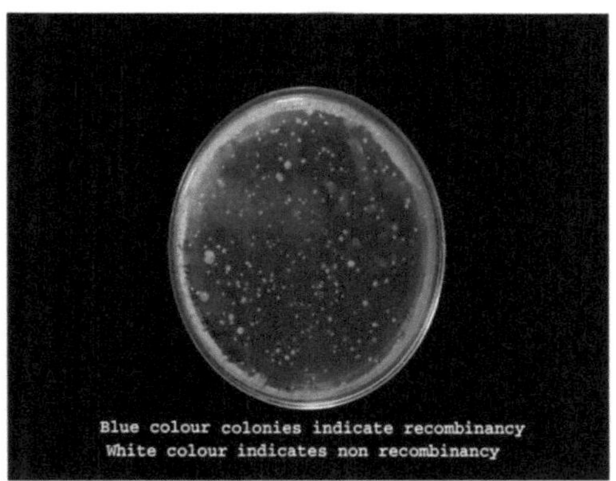

Figura 15. Padrão de expressão das proteínas selvagens e recombinantes

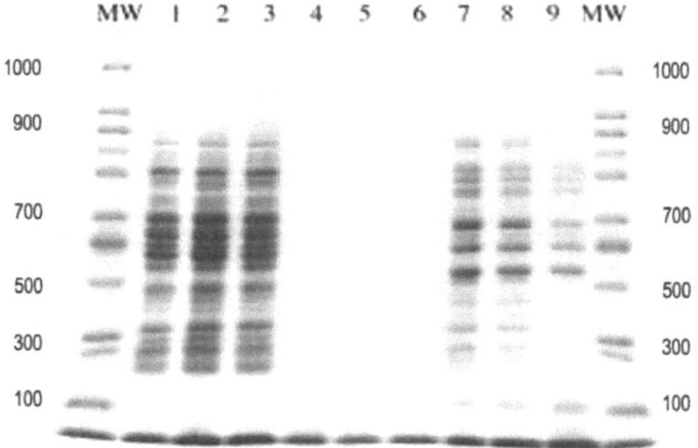

5. Discussão

A salmonelose é considerada uma das infecções alimentares mais comuns nos países industrializados e em desenvolvimento, embora a incidência pareça variar entre países. É geralmente difícil avaliar a situação da salmonelose nos países em desenvolvimento devido ao âmbito muito limitado dos estudos e à falta de sistemas coordenados de vigilância epidemiológica. Além disso, a subnotificação de casos e a presença de outras doenças consideradas de alta prioridade podem ter ofuscado o problema da salmonelose em alguns países em desenvolvimento, incluindo a Índia.

O aumento da população mundial, associado à produção em massa de alimentos para animais e para consumo humano e ao rápido comércio internacional de produtos agrícolas, aquícolas e alimentares, poderá agravar o problema (D'Aoust, 1994). Os animais destinados à alimentação abrigam uma vasta gama de serótipos de *Salmonella* e, por isso, actuam como fonte de contaminação, que é de importância epidemiológica primordial na salmonelose humana não tifoide (Acha e Szyfres, 2001). O processo de remoção do trato gastrointestinal durante o abate de animais destinados à alimentação humana é considerado como uma das fontes mais importantes de contaminação da carcaça e dos órgãos com *Salmonella*. Os alimentos como as aves de capoeira, a carne e os produtos à base de carne são as fontes mais comuns de salmonelose de origem alimentar (Bryan e Doyle 1995). A contaminação da carne por *Salmonella* pode ocorrer a partir da excreção de animais sem sintomas, equipamento, pavimentos e pessoal contaminados, e o agente patogénico pode ter acesso à carne em qualquer fase do abate (Adesiyun e Oni 1989). A contaminação cruzada de carcaças e produtos à base de carne pode continuar durante o manuseamento, transformação, preparação e distribuição subsequentes.

Prevalência de *Salmonella* em amostras de aves de capoeira

No presente estudo, um total de 130 amostras foram obtidas de unidades avícolas que abrangiam as principais cidades, como Namakkal, Karur, Erode e Thirupuuur, em Tamil Nadu, na Índia, entre 2008 e 2009, nas quais foram isoladas cerca de 87 estirpes de *Salmonella typhi*. Os resultados revelaram que existia uma correlação negativa entre o número de amostras obtidas e o isolamento de estirpes de *Salmonella* (quadro 1 e figura 1). Estudos realizados noutros países referiram a prevalência de *Salmonella* nas aves de capoeira, com uma percentagem de contaminação que varia entre 13,7% e 66% (Fuzihara 2000). Vários outros autores de diferentes países comunicaram diferentes taxas de prevalência de *Salmonella* nas aves de capoeira e nos produtos à base de aves de capoeira. Estes resultados indicam uma contaminação generalizada dos produtos de aves de capoeira com *S. enteritidis*, independentemente dos pontos de venda a retalho, e o seu potencial como fator de risco para a saúde humana.

As salmonelas não tifóides estão disseminadas no ambiente e colonizam muitas espécies animais domésticas e selvagens. No presente estudo, a contaminação por *Salmonella* na carne de frango a retalho pode dever-se à contaminação cruzada durante o manuseamento, a transformação, a embalagem e a distribuição. Para além disso, a água de escaldagem pode ficar contaminada com *Salmonella* a partir de fezes, gaiolas de equipamento de depenagem ou pavimentos. Os trabalhadores podem também espalhar a contaminação durante a venda a retalho.

Baumgartner *et al.* (1992) e Uyttendaele *et al.* (1999) referiram que a prevalência de *Salmonella* nos produtos à base de aves de capoeira pode dever-se a vários factores, incluindo a carga inicial de *Salmonella* antes do abate nas galinhas, o saneamento no matadouro, a possível contaminação durante as fases de transformação das aves de capoeira, a quantidade de contaminação cruzada ou pós-contaminação das galinhas por material fecal durante ou após o abate.

Um total de quatro estirpes virulentas, tais como ESAL33, ESAL17 e ESAL23, obtidas a partir de amostras de alimentos colhidas no distrito de Erode (quadro 2) e as estirpes NSAL01, NSAL21, NSAL56, NSAL61, NSAL72, NSAL80, NSAL86 e NSAL90 colhidas na área de Namakkal, foram utilizadas para estudos de rastreio adicionais. Do mesmo modo, duas estirpes da zona de Tirupur (PSAL19 e PSAL62) e cinco estirpes (SSAL14, SSAL19, NSAL29, NSAL32 e NSAL41) de Salem e oito estirpes da zona de Karur (KSAL09, KSAL21, KSAL59, KSAL62, KSAL72,

KSAL81, KSAL89 e KSAL91) foram também seleccionadas para estudos posteriores.

Todos os 87 isolados de *S. typhi* foram biotipados de acordo com o método de abordagem taxonómica polifásica, através de traços de caraterização morfológica, fisiológica e bioquímica para identificação ao nível da espécie (quadros 3 e 4). Além disso, os isolados seleccionados de *S. typhi* aglutinaram-se com o antissoro O e D, seguindo o método do teste imunológico, com base no qual se inferiu que os isolados são *S. typhi*. Holt *et al.* (1994) apresentaram os seguintes resultados de identificação bioquímica. Os isolados de galinha de *S. enteritidis* e *S. typhi* fermentam glucose (para produzir ácido e gás), dulcitol, manitol e maltose, mas não fermentam lactose, sacarose, malonato e salicina. Podem produzir sulfureto de hidrogénio em ágar de ferro e açúcar triplo. Utilizam o citrato como única fonte de carbono e reduzem o nitrato a nitritos, não hidrolisam a ureia e não produzem indol. Com base na reação bioquímica, o organismo foi identificado como Salmonella paratyphoid.

As reacções bioquímicas existentes para a identificação de *S. enteritidis* ainda são confusas, porque mais de 2400 serovares estão incluídos em *S. enterica*. Mas as amostras de carne de frango são mais frequentemente contaminadas com *S. enteritidis* e *S. typhi* (Herikstad *et al.,* 2002). Estas duas espécies de *Salmonella* são diferenciadas com base na capacidade de fermentar o açúcar melibiose a 37^0 C em 18 a 24 horas.

O serogrupo mais prevalente identificado neste estudo foi o serogrupo D. *S.enteritidis*, um resultado semelhante ao anteriormente registado na Turquia por Gulsen *et al.* (2005). Noutros países, *foi* relatado que *S.enteritidis* subspp. (*Salmonella Bredeney*) pertencente ao Serogrupo B (Duffy *et al.* 1999) e *S.enteritidis* subspp. Enteritidis serovar Typhimrium (*Salmonella Typhimurium*) pertencente ao Serogrupo B (Joseph e Palmer, 1989) são os serovares predominantemente isolados dos alimentos.

Tratamento multidroga de estirpes MDR de *S. typhi*

Os surtos de *Salmonella* MDR requerem medicamentos dispendiosos e amplamente indisponíveis para um tratamento eficaz. Isto representa um encargo adicional para o sector dos cuidados de saúde nos países em desenvolvimento. Por conseguinte, a ênfase deve ser colocada na prevenção da doença, que pode incluir medidas a curto e a longo prazo que devem ser seguidas rigorosamente. As medidas a curto prazo incluem a vacinação da população de alto risco nas zonas endémicas e práticas racionais e judiciosas de prescrição de antibióticos por parte dos profissionais de saúde. É necessário controlar a venda de antibióticos sem receita médica. Além disso, os antibióticos devem ser utilizados de forma mais criteriosa nos serviços de ambulatório e de internamento dos hospitais e por médicos privados. Os estudantes de medicina devem ser ensinados em profundidade sobre a utilização racional de antibióticos. É igualmente necessário regulamentar os antimicrobianos para outras utilizações que não a humana. Estas questões exigem a ação colectiva dos governos, da indústria farmacêutica, dos prestadores de cuidados de saúde e dos consumidores (Park, 2007).

Foram efectuados testes de sensibilidade aos antibióticos para os isolados indígenas de *S. typhi* utilizando o método de difusão em disco Kirby-Bauer, no qual foram testados diferentes antibióticos disponíveis no mercado (quadro 6), tendo sido igualmente registado o melhor antibiograma de *S. typhi* (quadro 7 e figura 2). As estirpes multirresistentes foram submetidas a um tratamento com múltiplos fármacos, que revelou uma suscetibilidade proeminente a todas as combinações de antibióticos através da medição da zona de inibição (quadro 8). Embora atualmente o campo da medicina pratique a PQT, esta pode provocar muitos efeitos secundários. Assim, este tipo de tratamento pode não ser preferível não só para a *S.typhi*, mas também para todos os microrganismos patogénicos para o homem.

A frequência do índice de resistência a múltiplos antibióticos (MAR) e o padrão de resistência de *S.typhi* isolado de várias amostras revelaram valores de frequência do índice MAR entre 0,41% e 0,50 (Tabela 9). Entre os 87 isolados, 19 isolados exibiram uma forte resistência a antibióticos. Todas as estirpes expostas à tetraciclina e à amoxicilina mostraram resistência (100%), enquanto a resistência de 89% foi encontrada contra a amicacina, o cloranfenicol e a ciprofloxacina, respetivamente. As percentagens mais baixas de estirpes eram de 0% de resistência à ofloxacina (Quadro 10). O isolamento e a caraterização de *Salmonella* MDR de todas as regiões do mundo para uma vigilância epidemiológica e um controlo eficazes devem continuar com um exame intensivo das estirpes de *S. typhi* dos países em desenvolvimento (Park, 2007). Os estudos de acompanhamento de crianças com *Salmonella* MDR são essenciais para conhecer as taxas de recaída e o estado de portador. Tendo em conta o reaparecimento da sensibilidade aos medicamentos de primeira linha, são necessários estudos sistemáticos em grande escala para determinar se estes medicamentos podem ser novamente utilizados no tratamento da febre tifoide nos países em desenvolvimento.

O desenvolvimento de resistência a antibióticos como a ciprofloxacina foi sugerido como estando parcialmente relacionado com a exposição destes organismos a concentrações próximas das suas CIM (Concentração inibitória mínima). Com o aumento das CIM, os médicos podem ser tentados a administrar doses mais elevadas de ciprofloxacina para atingir os níveis séricos necessários para uma terapia eficaz; no entanto, doses mais elevadas podem ter consequências clínicas e de saúde pública indesejadas. Em vez disso, este aumento da resistência pode justificar uma reestruturação do regime quimioterapêutico para as doenças entéricas, bem como a restrição da utilização da ciprofloxacina a casos atípicos em que se registe falta de resposta clínica a outros fármacos terapêuticos. O cloranfenicol e a amoxicilina podem ter de ser reconsiderados como fármacos de escolha em casos de febre entérica devido ao aumento da suscetibilidade destes casos a estes fármacos (>90% para isolados reemergentes de *S. typhi* (Sood *et al.,* 1995). No entanto, estas recomendações podem não ser adequadas, tendo em conta o aumento substancial de infecções por *S. paratyphi A* resistentes aos medicamentos, que muitas vezes obscurecem o diagnóstico clínico e o tratamento da febre entérica. O aumento da incidência de febre entérica causada por *S. paratyphi A* pode possivelmente estar relacionado com a utilização generalizada de vacinas e quinolonas contra *S. typhi* na última década.

A febre entérica causada por *S. typhi* tem sido um problema incontrolado nos países em desenvolvimento devido à sua elevada virulência. Foi referido que *a S. typhi* é resistente a dois ou mais antibióticos de entre os doze antibióticos mais utilizados atualmente, nomeadamente o cloranfenicol, a ampicilina e o cotrimaxol. No presente estudo, verificou-se que a estirpe isolada era suscetível a apenas três antibióticos - Ciproflaxacina, Co-trimaxazol e Oflaxacina - de entre os onze antibióticos habitualmente utilizados, que incluem o Cloranfenicol e a Ampicilina. No entanto, foi possível detetar que o uso contínuo de antibióticos para o tratamento aumenta ainda mais o seu espetro de resistência aos medicamentos, o que é evidente através do facto de, no presente estudo, os isolados serem resistentes à tetraciclina e à ciprofloxacina, que antes eram susceptíveis. Por conseguinte, há uma necessidade urgente de uma nova terapia que possa enfrentar estas estirpes mutantes a nível genómico (Sood *et al.,* 1995).

Identificação do ADN plasmídico e da proteína Pho P/Q a partir do teor total de proteínas nucleares de *Salmonella typhi*

Os genes de resistência antimicrobiana encontram-se normalmente em elementos genéticos altamente móveis, como integrões e plasmídeos, que são facilmente transferidos entre estirpes de *Salmonella* e outras espécies bacterianas (Fernando *et al.,* 1995.). Estas estirpes de *Salmonella* multirresistentes foram encontradas em todo o mundo e representam uma preocupação crescente em termos de saúde pública. Um componente chave no controlo da propagação de *Salmonella multirresistente* é o desenvolvimento de um sistema de monitorização rápido, preciso e consistente. Os métodos de tipagem atualmente utilizados para monitorizar *as Salmonella* são a serotipagem, a eletroforese em gel de campo pulsado (PFGE) e a tipagem de sequências de locus múltiplos (MLST). Dos três, a PFGE proporciona a maior discriminação entre isolados, mas é também o mais difícil de comparar entre laboratórios. Os plasmídeos podem transportar genes funcionais que conferem resistência a antibióticos naturais num nicho ambiental competitivo ou, em alternativa, as proteínas ligadas à membrana em espécies bacterianas produzidas podem atuar como toxinas e/ou compostos bioactivos em condições semelhantes (Groisman, 2001). No presente estudo, o ADN plasmídico foi isolado de *S. typhi* MDR pelo método de preparação midi de lise alcalina, que mostrou bandas claras localizadas entre 3530 pb e 4268 pb (Figura 3). Os resultados mostraram que foram detectados CCC-DNAs de peso molecular inferior com uma semelhança (Figura 3).

A diferença no padrão de formação de bandas entre isolados fornece uma boa medida da alteração das funções dos genes, especialmente dos genes que codificam proteínas e da ação diferencial dos genes, de modo a atingir proporções específicas de proteínas. A diferença no padrão de bandas é uma técnica comummente utilizada para a identificação e diferenciação entre os isolados bacterianos que, por sua vez, é útil para estudos quimiotaxonómicos e de patogenicidade. Os resultados relativos ao padrão de bandas de proteínas das estirpes de *S. typhi* MDR indicaram que foram observadas várias bandas de proteínas nas gamas de 10-116 KDa. Desta forma, a proteína PhoP/PhoQ foi encontrada entre as gamas de 25-60 KDa (Figura 4) e foi registado um total de 12 bandas de proteínas comuns. A partir da proteína quantificada, foram eluídas 10, 20 e 30 µg de proteínas de ligação ao ADN PhoP/PhoQ, o que revelou a existência de duas bandas claras de proteínas PhoP/PhoQ, confirmadas entre as gamas de 25-60 KDa (figura 5). Os resultados revelaram ainda que as proteínas PhoP/PhoQ são mais proeminentes e estreitamente relacionadas.

O sistema regulador de dois componentes PhoP-PhoQ de *Salmonella.sps* controla a expressão de vários genes, alguns dos quais são necessários para a virulência. Durante um rastreio de genes regulados por PhoP, o operão phoPQ foi considerado um locus ativado por PhoP. A atividade da b-Galactosidase proveniente de fusões transcricionais phoPQ-lac exigiu a presença do regulador transcricional PhoP e da sua sensor-quinase cognata PhoQ. Em baixas concentrações, PhoQ estimulou a expressão de fusões transcricionais de phoPQ-lac. No entanto, quantidades maiores de proteína PhoQ sem um aumento concomitante de PhoP não conseguiram ativar as fusões phoPQ-lac. Duas transcrições diferentes são produzidas a partir do operão phoPQ durante o crescimento exponencial. Estas transcrições definem dois promotores: phoPp1 , que requer PhoP e PhoQ para a atividade e que é regulado pelo ambiente, e phoPp2 , que permanece ativo na ausência de PhoP e PhoQ mas que é ligeiramente estimulado por estas proteínas. O padrão de autorregulação transcricional também foi observado ao nível da proteína com anticorpos anti-PhoP. Em suma, a autorregulação do operão phoPQ fornece vários níveis de controlo para o regulador PhoP-PhoQ (Fernando *et al.,* 1995).

Expressão do padrão de proteínas entre a proteína PhoP/Q selvagem e recombinante em *S. typhi.*

Quando o ADN interagiu com as proteínas PhoP/PhoQ, o complexo migrou mais lentamente do que o ADN livre. A mudança máxima na mobilidade do ADN foi observada a 3,0 μl de proteína de ligação ao ADN. Para confirmar a capacidade de ligação ao ADN das proteínas PhoP/PhoQ isoladas da *Salmonella* MDR, estas foram tratadas com diferentes concentrações de DEPC, como 0,5, 1,0 e 1,5 mM. As proteínas de ligação ao ADN PhoP/PhoQ foram modificadas com DEPC e submetidas ao método GMSA. A histidina presente nas proteínas de ligação ao ADN PhoP/PhoQ foi modificada quando exposta ao DEPC. Os resultados do ensaio de deslocamento da mobilidade do gel confirmaram que o DEPC modifica as histidinas presentes nos locais de ligação das proteínas de ligação ao ADN phoP/ phoQ. As proteínas de ligação ao ADN phoP/ phoQ modificadas com histidina não conseguem interagir com o ADN, o que pode resultar na não expressão de genes de virulência (Galan e Curtiss, 2005). Assim, este mecanismo a nível molecular pode estar a abrir caminho para o tratamento da febre entérica sem conduzir a novas estirpes de *Salmonella* MDR (Fang *et al*., 2005).

Para estudar estas interacções, utilizou-se habitualmente o ensaio de mobilidade por deslocamento em gel. Assim, o ADN plasmídico foi isolado de MDR *S. typhi* com um grau de pureza ≥ 1,8, com um rácio de absorvância de 260/280 nm, tendo-se verificado que era de cerca de 2 700 pb, de acordo com a escada de ADN de 100 pb do kit de minipreparação 5M. O ensaio de deslocamento da mobilidade em gel das proteínas de ligação ao ADN phoP/ phoQ ligadas ao ADN move-se mais lentamente do que o ADN livre no interior do gel de agarose devido à força iónica e à dobragem de muitas proteínas de ligação ao ADN (Galan e Curtiss, 2005). A sequência alterada do gene *Pho p/q* foi transferida para a MDR *S. typhi* utilizando o método do cloreto de cálcio, a partir do qual foram registadas colónias de cor azul e branca. Os resultados indicaram que as colónias transformadas eram visíveis a azul, enquanto as colónias não transformadas eram brancas (figura 14), o que coincide com a expressão do gene e da proteína nas colónias transformadas (Fang *et al.*, 2005).

Vários reguladores em bactérias, incluindo os que respondem à limitação de nitrogénio, à limitação de fosfato, ao transporte de açúcar e à osmolaridade, são controlados por reguladores de dois componentes (cinases sensoriais/ativadores transcricionais) referidos por Miller *et al.* (1989). As proteínas PhoP e PhoQ são necessárias para a expressão de uma série de genes, alguns dos quais, como pagC, estão envolvidos na virulência. No que diz respeito ao defeito de virulência associado a mutações no locus phoP, confirmar as observações de Fields *et al.* (1989) de que os mutantes do locus phoP são defeituosos na sobrevivência intracelular dos macrófagos.

O sistema de dois componentes PhoP-PhoQ regula a adaptação a ambientes com baixo teor de Mg21 e a resposta a outras condições de stress, regulando a expressão de até 1% dos genes em certas espécies gramnegativas. A PhoP-PhoQ medeia os seus efeitos frequentemente de forma indireta: através da ativação de outros sistemas reguladores, como o sistema de dois componentes PmrA-PmrB. Ao controlar a expressão de muitos determinantes de virulência adquiridos horizontalmente, o sistema PhoP-PhoQ tornou-se um importante regulador da virulência em *Salmonella* (Groisman, 2001).

Esta investigação foi levada a cabo para impedir a transcrição das principais proteínas de virulência através do bloqueio da proteína PhoP/PhoQ ao ligar-se à região promotora do ADN e também para permitir algumas abordagens diferentes ao nível da modificação dos genes para identificar e caraterizar os alvos das proteínas reguladoras. Utilizando todas as técnicas, foram identificados e caracterizados vários genes codificadores de proteínas virulentas. Assim, este mecanismo a nível molecular pode estar a abrir caminho para o tratamento da febre entérica sem conduzir a novas estirpes de *Salmonella* MDR.

6. Conclusão

No presente estudo, foi recolhido um total de 130 amostras das principais cidades de Tamil Nadu, das quais foram isoladas 87 estirpes de *Salmonella* e 13 isolados foram identificados como *Salmonella* resistente a múltiplos medicamentos (MDR), o que foi confirmado pelo padrão de sensibilidade aos antibióticos.

A Salmonella MDR foi ainda incorrigível através de vários testes bioquímicos e concluiu-se que a espécie era *typhi* (*S. typhi*). As estirpes multirresistentes foram submetidas a um tratamento com múltiplos fármacos que revelou uma suscetibilidade proeminente a todas as combinações de antibióticos. Foi registada uma zona de inibição proeminente com ofloaxacina, ampicilina, co-trimaxazol e gentamicina e a mais baixa com amoxicilina, tetraciclina e ácido nalidíxico.

O ADN plasmídico foi isolado a partir de 13 isolados de *S. typhi* MDR, tendo sido observada uma única banda. Os resultados mostraram que existia uma semelhança no padrão de bandas do ADN plasmídico.

A proteína nuclear foi extraída dos isolados selecionados e as concentrações das proteínas extraídas também foram estimadas em 0,4µg/µl. O padrão de proteínas nucleares totais foi encontrado com várias bandas nos intervalos de 10-116 KDa. A partir disso, a proteína PhoP/PhoQ foi encontrada entre os intervalos de 25-60 KDa.

Para confirmar a capacidade de ligação ao ADN da proteína PhoP/PhoQ isolada da MDR *S.typhi,* esta foi tratada com diferentes concentrações de DEPC. Quando o ADN complexado com a proteína PhoP/PhoQ migrou lentamente, em vez do ADN livre. A mudança máxima na mobilidade do ADN foi observada a 3,0 µl de proteína de ligação ao ADN. As proteínas de ligação ao ADN PhoP/PhoQ foram modificadas com DEPC e submetidas a GMSA.

A histidina presente nas proteínas de ligação ao ADN PhoP/PhoQ foi modificada quando exposta ao DEPC. A uma concentração de 0,5 mM de DEPC, não se verificou qualquer modificação na histidina, porque a proteína PhoP/PhoQ interage com o ADN e resulta no desvio da mobilidade. A concentração mínima de DEPC necessária para modificar as histidinas presentes nas proteínas de ligação ao ADN PhoP/PhoQ foi de 1 mM.

A sequência de ADN e de proteínas do tipo selvagem de *S.typhi* foi recuperada e foram construídas proteínas phoP/Q recombinantes com uma natureza básica aumentada. A sequência alterada do gene Pho *p/q* foi transferida para a MDR *S.typhi* e observou-se uma colónia branca azulada na superfície da placa. A colónia transformada era visível na cor azul e a não transformada apresentava uma colónia branca.

7. Referência

Acha, P.N. e Szyfres, B. 2001. Zoonoses and Communicable Diseases common to man and animals 3rd ed., p.233 - 246 Washington DC, Organização Pan-Americana da Saúde.

Adesiyun, A.A. e Oni, O.O. 1989. Prevalência e antibiogramas de *Salmonellae* em gado abatido, áreas de abate e efluentes no matadouro de Zaria, Nigéria. *J. Food Prot.* **52:** 232 - 235.

Alcaine, S.D., Warnick, L.D. e Wiedmann, M. 2007. Antimicrobial resistance in nontyphoidal *Salmonella. J. food production.* **70**: 780790.

Angulo, F. J., e Swedlow D.L. 1999. Epidemiology of human *Salmonella enterica* serovar *Enteritidis* infections in the United States. In A M . Saeed. R.K. Gast, M.E. Potter, e P.G., Wall (ed). *Salmonella enterica* serovar Enteritidis in Humans and Animals p.11 - 33 Lowa state University Press: Ames, IA.

Aslund, F., Zheng, M., Beckwith, J. e Sorz, G. 1999. Regulação do fator de transcrição OxyR pelo peróxido de hidrogénio e pelo estado do tiol-dissulfureto celular. *Proc Natl Acad Sci U S A.* **96**: 6161-5.

Aviv, M., Giladi, H., Schreiber, G., Oppenheimer, A.B. e Glaser, G. 1994. A expressão dos genes que codificam o fator de integração do hospedeiro de *Escherichia coli* é controlada pela fase de crescimento, *rpoS*, ppGpp e autorregulação. *Mol. Microbiol.* **14**: 1021-31.

Bauer, A. W., Kirby, W. M. M., Sherris, J. C. e Turck, M. 1966. Antibiotic susceptibility testing by a standardized single disk method. Am. *J. Clin. Path.* **45:** 493-496.

Baumgartner, A., Heimann, P., Schmid, H., Liniger, M., e Simmel, A. 1992. Contaminação por *Salmonella* de carcaças de aves de capoeira e salmonelose humana. Archv. *For Leben.* **43:** 123 - 124.

Bean, N. H., Martin, S. M. e Bradford, H. 1992. PHLIS: an electronic system for reporting public health data from remote sites. *Am. J. Public Health.* **83**:1273-1276.

Bearson, S., Bearson, B. e Foster, J.W.1997. Respostas ao stress ácido em enterobactérias. *FEMS Microbiol Lett.* **147**: 173-80.

Behlau, I., e Miller, S. 1993. Um gene reprimido por *PhoP* promove a invasão de células epiteliais por *Salmonella. J Bacteriol.* **175**: 4475-4485.

Bryan, F.L., e Doyle, M.P. 1995. Health risks and consequences of *Salmonella* and *Campylobacter jejuni* in raw poultry. *J. Food Prot.* **58:** 326 - 344.

Buchmeier, N., Blanc-Potard, A., Ehrt, S., Piddington, D., Riley, L. e Groisman, E.A. 2000. Uma estratégia paralela de sobrevivência intrafagossómica partilhada por *Mycobacterium tuberculosis* e *Salmonella enterica. Mol. Microbiol.* **35**: 1375-1382.

Chamnongpol, S., Cromie, M. e Groisman, E. A. 2003. Deteção de Mg2+ pelo sensor de Mg2+ PhoQ de *Salmonella enterica. J. Mol. Biol.* **325**: 795-807.

Clark, M.A. e Barret, E.L. 1987. O gene *phs* e a produção de sulfureto de hidrogénio por *Salmonella typhimurium. J. Bacteriology.* **169**: 23912397.

Curtiss, R. e Kelly, S. M. 1987. Os mutantes de deleção de *Salmonella typhimurium* que não possuem adenilato ciclase e proteína recetora de AMP cíclico são avirulentos e imunogénicos. *Infect Immun. 55:* 3035-3043.

Daoud, A.S., Zaki, M., Pugh, R.N.H., Mutairi, G., Beseiso, R. e Nasrallah, A.Y.1991. Apresentação clínica da febre entérica: o seu padrão em mudança no Kuwait. *J. Trop Med Hyg.* ***94***: 341-347.

D'Aoust J.Y. 1994. *Salmonella* e o comércio internacional. *Int. J. Food Microbiol.* ***24:*** 11 - 31.

Duffy, G., Cloak, M.O., Sullivan, M.G. O., Guillet, A., Sheridan, J.J. 1999. The incidence and antibiotic resistanace profiles of *Salmonella enteritidis*. Em produtos de carne a retalho irlandeses. *J. Food Microbiol.* ***16:*** 623 - 631.

Eichelberg, K., Hardt, W.D. e Galan, J.E.1999. Caracterização de SprSA, um regulador transcricional do tipo AraC codificado na ilha de patogenicidade *de Salmonella typhimurium. J. Mol Microbiol.* ***33***: 139-52.

Elshafie, S.S. e Rafay, A.M. 1992. Chloramphenicol-resistant typhoid fever: an emerging problem in Oman. *Scand J. Infect Dis.* ***24***: 819820.

Ernst, R. K., Guina, T. e Miller, S. I. 2001. Remodelação da membrana *externa de Salmonella typhimuriumouter*: papel na resistência à imunidade inata do hospedeiro.*Microbes Infect.* **3**: 1327-1334.

Fang, F. C., Libby, S.J., Buchmeier, N.A., Loewen, P.C., Switala, J. Harwood, J. e Guiney, D.G. 2005. O fator sigma alternativo *katF* (*rpoS*) regula a virulência *da Salmonella*. *Proc. Natl. Acad. Sci. USA*. **89**:11978-11982.

Fernando, C., soncini, Eleonora Garcia ve'scovi e Eduardo, A. 1995. *Groisman J. Bact.* ***177:*** 4364-4371.

Fields, P.I., Swanson, R.V., Haidaris, C.G. e Heffron, F. 1986. Mutantes de *Salmonella typhimurium* que não conseguem sobreviver no macrófago são avirulentos. *Proc Natl Acad Sci U S A.* ***83***: 5189-93.

Foster, J. W. e Hall, H.K. 1990. Resposta adaptativa de tolerância à acidificação de *Salmonella typhimurium. J. Bacteriol.* ***172:***771-778.

Foster, P. L. 1997. As mutações não adaptativas ocorrem no epissoma F9 durante as condições de mutação adaptativa em *Escherichia coli*. *J. Bacteriol.* ***179***:1550-1554.

Fugua, C., Greenberg, E.P. 1998. Auto-perceção em bactérias: quorum sensing com homoserina lactonas acetiladas. *Curr.Opin.Microbiol.* ***1***: 183-9.

Fuzihara, T. O., Fernandes, S. A. e Franco, B. D. 2000. Prevalência e disseminação de sorotipos *de Salmonella* ao longo do processo de abate em pequenos abatedouros de aves no Brasil. *J. Food protects.* ***63:*** 1749 - 1753.

Galan, J. W. e Curtiss, R. 2005. Clonagem e caraterização molecular de genes cujos produtos permitem que *Salmonella typhimurium* penetre em células de cultura de tecidos. *Proc. Natl. Acad. Sci.* USA. ***86:*** 6383 - 6387.

Gallegos, M.T., Schleif, R., Bairoch, A., Hofmann, K. e Ramos, J.L. 1997. AraC/XylS family of transcriptional regulators. *Microbiol Mol Biol Rev.* ***61:*** 393-410.

Garcia-Vescovi, E., Soncini, F. e Groisman, E.A. 1994. O papel do regulador PhoP/PhoQ na virulência *da Salmonella*. *Res. Microbiol.* ***145***: 473-480.

Garcia-Vescovi, E., Soncini, F. e Groisman, E. A. 1996. Mg2 como um sinal extracelular: regulação ambiental da virulência *da Salmonella*. *Cell*. **84**:165-174.

Gite, S., Reddy, G. e Shankar, V. 1992. Caracterização do sítio ativo da nuclease S1. II. Envolvimento da histidina na catálise. *Biochem J.*, **288**, 571575.

Groisman, E. A. 2001**.** O sistema regulador pleiotrópico de dois componentes PhoP-PhoQ. *JBacteriol.* 183: 1835-1842.

Groisman, E. A., Saier, M.H. e Ochman, H. 1992. Transferência horizontal de um gene de fosfatase como prova da estrutura em mosaico do genoma *da Salmonella*. *EMBO J.* **11**:1309-1316.

Groisman, E. A., Chiao, E., Lipps, C. J. e Heffron, F. 1989. O gene de virulência phoP de *Salmonella typhimurium* é um regulador de transcrição. *Proc Natl Acad Sci U S A* **86**: 7077-7081.

Guiney, D.G., Libby, S., Fang, F., Krause, M. e Fierer, J. 1995. Regulação da fase de crescimento dos genes de virulência de plasmídeos em *Salmonella*. *Trends Microbiol.* **3**: 275-9.

Gulsen, G., Gunaydin, E. e Carli, K. T. 2005. Prevalência de serogrupos de *Salmonella* na carne de frango. *Turk J.Vet Anim Sci*. **29**: 103 - 106.

Heithoff, D.M., Sinsheimer, R.L., Low, D.A. e Mahan, M.J. 1999. Um papel essencial para a metilação da adenina do ADN na virulência bacteriana. *Science.* **284**: 967-70.

Hengge-Aronis, R. 1993. Sobrevivência à fome e ao stress: o papel de *rpoS* na regulação genética da fase estacionária inicial em *Escherichia coli. Cell.* **72**: 165-8.

Herikstad, H., Motarjemi, Y. e Tauxe, R. V. 2002. *Salmonella* surveillance: a global survey of public health serotyping. Epidemiol Infect. **219:** 1 - 8.

Hien, T.T, Bethell, D.B. and Hoa, N.T.T. 1995.Short course of ofloxacin for treatment of multidrug-resistant typhoid. *Clin Infect Dis.* **20**: 917923.

Holt, J. G., Krieg, N. R., Sneath, P. H. A., Staley, J. T. e Williams, S.T. 1994. Bergey's Manual of Determinative Bacteriology, 9th edition, Williams and Wilkins, Baltimore. MD.

Jordi, B.J., Owen-Hughes, T.A., Hulton, C.S. e Higgins, C.F. 1995. Torção do DNA, flexibilidade e transcrição do promotor *proU* osmoregulado em *Salmonella typhimurium. EMBO J.* **14**: 5690-700.

Joseph, C.A. e Palmer, S.R. 1989. Outbreaks of *Salmonella* infections in hospitals in England and Wales, 1978 - 1987. *Brit. Med. J.* **298:** 1161 - 1163.

Kenney, L. J. 2002. Relações estrutura/função em OmpR e outros factores de transcrição de hélice alada. *Curr. Opin. Microbiol.* **5**:135141.

Kier, L. D., Weppelman, R.M. e Ames, B.N. 1979. Regulação da fosfatase ácida não específica em *Salmonella*: genes *phoN* e *phoP*. *J. Bacteriol.* **138**:155-161.

Kim, S.H. e Wei, C.I. 2007. *Invasividade e crescimento intracelular de Salmonella* Kontomichalou P. *multirresistente.* Estudos sobre factores de transferência de resistência. *Path. Microbiol.* **30**: 71-93.

Krumperman, P.H. 1983. Indexação de resistências múltiplas a antibióticos de *Escherichia coli* para identificar fontes de alto risco de contaminação fecal de alimentos. *Appl. Environ. Microbiol.* **46:**165 - 170.

Leclerc, G.J., Tartera, C. e Metcalf, E.S. 1998. Regulação ambiental de mutantes defeituosos de invasão de *Salmonella typhi*. *Infect Immun.* **66**: 682-91.

Lejona, S., Aguirre, A., Cabeza, M. L., Garcia Vescovi, E. e Soncini, F. C. 2003. Caracterização molecular do Mg^{2+} -responsive PhoP- PhoQ regulon em *Salmonella enterica*. *J. Bacteriol.* **185**: 6287-6294.

Makino, K., Shinagawa, H., Amemura, M., Kimura, S., Nakata, A. e Ishihama, A. 1988. Regulação do regulador de fosfato de *Escherichia coli*. Ativação da transcrição de *pstS* pela proteína PhoB *in vitro*. *J. Mol. Biol.* **203**: 85-95.

Matsui, H., Kawakami, T., Ishikawa, S., Danbara, H. e Gulig, P.A. 2000. A expressão constitutiva de *phoP* inibe a virulência de *Salmonella typhimurium* no rato de uma forma dependente de Spv. *Microbiol. Immunol.* **44**:447-454.

McCleary, W. R. 1996. A ativação de PhoB por acetilfosfato. *Mol Microbiol* .**20**: 1155-1163.

Miller, S. I., Kukral, A.M. e Mekalanos, J.J. 1989. Um sistema regulador de dois componentes (*phoP phoQ*) controla a virulência de *Salmonella typhimurium*. *Proc. Natl. Acad. Sci. USA.* **86**:5054-5058.

Miller, S. I., Pulkkinen, W.S., Selsted, M.E. e Mekalanos, J.J. 1990. Caracterização dos fenótipos de resistência à defensina associados a mutações no regulador de virulência *phoP* de *Salmonella typhimurium*. *Infect. Immun.* **58**:3706-3710.

Miller, S. I., e Mekalanos, J.J. 1990. A expressão constitutiva do regulador *phoP* atenua a virulência e a sobrevivência *da Salmonella* nos macrófagos. *J. Bacteriol.* **172**:2485-2490.

Mirza, S.H., Beeching, N.J. e Hart, C.A. 1995. Prevalência e características clínicas de infecções por *Salmonella typhi* multirresistente no Baluchistão, Paquistão. *Ann Tmp Med Pamsitol.* **89**: 515

Moss, J. E., Fisher, P.E., Vick, B., Groisman, E.A. e Zychlinsky, A. 2001. A proteína reguladora PhoP controla a resolução de infecções por *Shigella flexneri*. *Cell. Microbiol.* **2**:443-452.

Neidhardt, F.C.1999. *Escherichia coli* and *Salmonella*: cellular and molecular biology. Washington, DC: ASM Press.

Nicholson, B. e Low, D. 2000. Regulação dependente da metilação do ADN da expressão de *pef* em *Salmonella typhimurium*. *Mol.Microbiol.* **35**: 728-42.

Ohta, M., Ito, H., Masuda, K., Tanaka, S., Arakawa, Y., Wacharotayankun, R. e Kato.N. 1992. Mechanisms of antibacterial action of tachyplesins and polyphemusins, a group of antimicrobial peptides isolated from horseshoe crab hemocytes. *Antimicrob. Agents Chemother.* **36**:1460-1465.

Park, K. 2007. Febre tifoide. In: Livro de texto de Park sobre medicina preventiva e social. 19ª edição. Park K, editor. Jabalpur (Índia): Editora Bhanot p.195-198.

Park, Y.K., Bearson, B., Bang, S.H., Bang, I.S. e Foster, J.W. 1996. Crise interna de pH, lisina descarboxilase e a resposta de tolerância ao ácido de *Salmonella typhimurium. Mol.Microbiol.***20**: 605-11.

Pegues, D. A., Hantman, M.J., Behlau, I. e Miller. S.I. 1995. PhoP/PhoQ transcriptional repression of *Salmonella typhimurium* invasion genes: evidence for a role in protein secretion. *Mol. Microbiol.* **17**:169-181.

Pragai, Z., Allenby, N. E., O'Connor, N., Dubrac, S., Rapoport, G., Msadek, T. e Harwood, C. R. 2004. Regulação transcricional do *phoPRoperon* em *Bacillus subtilis. J. Bacteriol.* **186**: 1182-1190.

Rakeman, JL., Bonifield, HR., Miller, SI. 1999. Uma via independente de HilA para a transcrição do gene de invasão de *Salmonella typhimurium. J.Bacteriol.* **181**: 3096-104.

Ryan, K.J. e Ray, C.G.2004. *Sherris Medical Microbiology* (4ª ed.). McGraw Hill. pp. 362-8. ISBN **9**: 8385-8529.

Saha, S.K.e Saha, S.K.1994. Resistência aos antibióticos de *Salmonella typhi* no Bangladesh. *J.Antimicmb Chemother.* 33: 190-191.

Sambrook, J., Fritsch, E. F. e Maniatis, T. 1989. Molecular Cloning, A laboratory Manual, 2nd eds Cold spring harbor, NY: Cold Spring Harbor Laboratory Press.

Samuel, I., Miller, Anne, M., Kukral. E João, J.1989. *Mekalanos Proc. Natl. Acad. Sci. USA.* **86**:5054-5058.

Schneider, R., Travers, A., Kutateladze, T. e Muskhelishvili, G. 1999. A DNA architectural protein couples cellular physiology and DNA topology in *Escherichia coli. Mol. Microbiol.* **34**: 953-64.

Soncini, F. C., Garcia Vescovi, E., Solomon, F. e Groisman, E.A. 1996. Molecular basis of the magnesium deprivation response in *Salmonella typhimurium*:

identification of PhoP-regulated genes. *J. Bacteriol.* **178**:5092-5099.

Soncini, F. C., e Groisman, E.A. 1996. Os sistemas reguladores de dois componentes podem interagir para processar múltiplos sinais ambientais. *J. Bacteriol.* **178**: 6796-6801.

Sood, S., Kapil, A., Dash, N., Das, B.K., Goel, V. e Seth, P.1999. Paratyphoid fever in India: Um problema emergente. *Emerg Infect Dis*. **5**:483-4.

Spector, M.P., Garcia del Portillo, F., Bearson, S.M., Mahmud, A., Magut, M. e Finlay, B.B. 1999. O locus de resposta ao stress de fome *dependente de rpoS stiA* codifica uma redutase de nitrato (*narZYWV*) necessária para a termotolerância induzida pelo stress de carbono e a tolerância ao ácido em *Salmonella typhimurium. Microbiology.* **145**: 3035-45.

Stock, A. M. e West, A. H. 2003**.** Proteínas reguladoras da resposta e suas interacções com as proteínas cinases de histidina. Em *Histidine Kinases in Signal Transduction*, pp. 237-271. Editado por M. Inouye & R. Dutta. New York: Academic Press.

Stock, A. M., Robinson, V. L. e Goudreau, P. N. 2000. Transdução de sinal de dois componentes. *Annu RevBiochem* **69**: 183-215.

Sukupolvi, S., Lorenz, R.G., Gordon, J.I., Bian, Z., Pfeifer, J.D. e Normark, S.J. 1997. A expressão de finas fímbrias agregativas promove a interação da *Salmonella typhimurium* SR-11 com as células epiteliais intestinais do rato. *Infect Immun.* **65**: 5320-5.

Uyttendaele, M. R., Debevere, J. M., Lips, R. M. e Neyts, K. D. 1998. Prevalência de *Salmonella* em carcaças de aves de capoeira e seus produtos na Bélgica. *Int. J. Food Microbiol.* **40:** 1- 8.

Uwaydah, A.K., Matar, I., Chacko, K.C. e Davidson, J.C. 1991. O aparecimento de *Salmonella typhi* resistente aos antimicrobianos no Qatar: epidemiologia e implicações terapêuticas. *Trans R Soc Trop Med Hyg.* **85**: 790-792.

Vescovi. E, Soncini, F. e Groisman, E. 1996. Mg2+ como um sinal extracelular: regulação ambiental da virulência da Salmonella. *Cell* .**84**: 165-174.

Waldburger, C. D. e Sauer, R.T. 1996. Signal detection by PhoQ: characterization of the sensor domain and a response-impaired mutant that identifies ligand-binding determinants. *J. Biol. Chem.* **271**:26630-26636.

Wallace, M. e Yousif, A.A.1990. Propagação de *Salmonella typhi* multi-resistente. *Lancet.* **336**: 1065-1 066.

Wick, M. J., Harding, C.V., Twesten, N.J., Normark, S.J. e Pfeifer, J.D. 1995. O locus phoP influencia o processamento e a apresentação de antigénios de *Salmonella typhimurium* por macrófagos activados. *Mol. Microbiol.* **16**:465-476.

Wosten, M. M. S. M., Kox, L.F.F. Chamnongpol, S., Soncini, F.C. e Groisman.E.A. 2000. Um sistema de transdução de sinal que responde ao ferro extracelular. *Cell.* **103**:113-125.

Zhang, L.1991. Mecanismo da *Salmonella typhi* multi-resistente. *Chung Hua* I *Hsueh Tsa Chih Taipei.* **71:** 314-317, 324.

Printed by Books on Demand GmbH, Norderstedt / Germany